„Der Preis der Freiheit ist ewige Wachsamkeit."

(Wendell Phillips)

ICH SEHE DICH

–

Was Kriminelle im Internet gegen uns
in der Hand haben

Bibliografische Information der Deutschen Nationalbibliothek:
Die Deutsche Nationalbibliothek verzeichnet diese Publikation
in der Deutschen Nationalbibliografie; detaillierte bibliografische Daten sind im Internet über www.dnb.de abrufbar.

© 2014 Timo Stauder
Bildrechte wurden erworben von clipdealer.de und
PR Photo Creativ Studio
Herstellung und Verlag:
BoD – Books on Demand, Norderstedt

ISBN: 978-3-735-72325-3

INHALT

KAPITEL 1 VORWORT — 7

KAPITEL 2 EINLEITUNG — 10

2.1 Arbeits- und Denkweise eines prototypischen Hackers — 13
2.2 Fakten und Zahlen aus der Informationssicherheit — 17
2.3 Die Bedeutung von Informationen und Daten — 21

KAPITEL 3 HINTERGRUNDINFORMATIONEN — 25

3.1 Der Identitätsdiebstahl — 26
3.2 Der gläserne Mensch — 34
3.3 Die Datenkraken: Was Google offenbart — 42
3.4 Von Sicherheitslücken und Schadsoftware — 48
3.5 Die Zuverlässigkeit von Virenscannern — 56
3.6 Die dunkle Seite des Internets: das Darknet — 61

KAPITEL 4 SICHERHEIT IM PRIVATEN UMFELD — 65

4.1 WLAN – Das Einfallstor zu allen Daten — 66
4.2 Das Smartphone und die Existenz von Zombies — 76
4.3 Sicherheit im Online-Banking — 82
4.4 Ansteckungsgefahr:
     Wie Schadsoftware in das System gelangt — 89
4.5 Die Postkarte: Sicherheit von E-Mails — 97
4.6 Soziale Netzwerke – Das Internet vergisst nie — 102

KAPITEL 5	**SICHERHEIT IN UNTERNEHMEN**	**108**
5.1	Wie sicher ist Informationstechnologie?	109
5.2	Einfallstore für Angreifer	114
5.3	Menschliches Versagen: Social Engineering	119

KAPITEL 6	**EIN AUSBLICK**	**125**

LITERATUR	**129**

DANKSAGUNG	**130**

Kapitel 1   Vorwort

Warum dieses Buch? Nun, Diskussionen über die Sicherheit unserer Daten sind in aller Munde. Doch wenn es darum geht, unsere Daten angemessen zu schützen und uns über aktuelle Gefahren und Schutzmaßnahmen zu informieren, schalten wir häufig ab. Wir finden das Thema einfach nicht interessant genug, um uns Sorgen über unsere Sicherheit zu machen. Und auf die aktuellen Möglichkeiten und Trends verzichten? Das kommt schon gar nicht infrage.

Es ist ja auch alles so wunderbar modern, einfach und unkompliziert. Schnell mal eben das neue Handy ausgepackt, Karte hineingesteckt, ein paar einfache PINs und Codes eingegeben, WLAN eingeschaltet, und schon sind wir wieder online, mit unseren Freunden vernetzt und haben Zugang zu unendlich vielen Informationen. Dann noch schnell mit der neuen Uhr, der neuen Brille, der Konsole, dem Kühlschrank, dem Fernseher, der Videoüberwachung und dem Multimedia-Player verbunden: Gegenwart und Zukunft bieten uns grenzenlose Möglichkeiten. Es folgt eine kurze Nachricht im sozialen Netzwerk, dass wir ein neues Handy haben. Soll ja schließlich jeder wissen, wie modern wir sind ... Die neuesten und aktuellsten Apps geladen – und schon kann's losgehen.

„Bin ich da schon drin, oder was?" Boris Becker konnte mit seiner Werbung, Ende des 20. Jahrhunderts, nicht ahnen, dass „einfach" heute wirklich einfach ist.

Doch bei der Sicherheit hört unser Interesse häufig auf. Zu kompliziert sind die ganzen Fachbegriffe und technischen Verfahren, und vor allem: Viel zu knapp und kostbar ist unsere Zeit, weil wir ja die ganzen Informationen, die uns das Internet bietet, auch erst einmal verarbeiten müssen.

Nun, ich sehe die Welt mit anderen Augen. Ich betrete ein Geschäft, ein Unternehmen und sehe eine Vielzahl von Schwachstellen der Informationssicherheit. Wenn ich an zwei Mitarbeitern vorbeigehe und ein paar Bruchstücke eines Gespräches aufschnappe, denke ich daran, wie man diese Informationen ausnutzen könnte, um sich Zugang zum Zentrum des Unternehmens zu verschaffen: zur Informationstechnologie (IT). Ich sehe einen nicht abgesicherten PC, eine Netzwerk-Dose oder sogar ein Netzwerkkabel und denke daran, wie einfach es wäre, jetzt mal eben meinen Laptop anzuschließen. Im Hinterhof reicht mir häufig bereits ein kurzer Blick, um zu erkennen, dass Mülleimer auch sensible Daten und Akten beinhalten. Werfe ich einen Blick durch ein Bürofenster, erhalte ich oftmals weitere interessante und durchaus schützenswerte Informationen. Moderne WLANs runden das Bild ab, denn häufig gibt alleine der Name des Netzwerkes (SSID) alle

Informationen preis, die ein Hacker für einen erfolgreichen Angriff benötigt.

Aber keine Angst, ich gehöre zu den „Guten". Ich möchte mit meinem Buch informieren ebenso wie sensibilisieren und die Welt vor allem einmal aus einer anderen Perspektive zeigen: aus der Sicht eines Hackers.

Dabei ist es nicht mein Anspruch, jedes Thema bis in das letzte Detail zu erläutern und jedem Leser, unabhängig von seinen technischen Hintergrundinformationen, gerecht zu werden. Dies kann aus meiner Sicht nicht das Ziel eines Buches sein, schließlich finden sich genügend Detailinformationen und Fachbeiträge zu den einzelnen Themen im Internet.

Vielmehr möchte ich Ihnen einen spannenden Einblick in die Welt der Internet-Kriminalität offenbaren und Ihnen dabei ein paar Praxistipps mit an die Hand geben, damit Sie wissen, worauf Sie achten müssen und wie Sie mit einfachen Mitteln Hackern und Internet-Kriminellen das Leben erschweren.

Ich wünsche Ihnen viel Spaß und gute Unterhaltung bei der Lektüre dieses Buches.

Kapitel 2   Einleitung

Ich sehe dich. Ja, genau dich meine ich. Ich sehe, was du tust, denn ich kenne dich. Genau: dich, deine Freunde, deine Familie, deine Interessen und Hobbys, deine Geheimnisse, deinen Kontostand, den Bericht deiner letzten Untersuchung beim Hausarzt. Aber keine Sorge: Ich habe schon Schlimmeres gesehen ...

Überrascht? Solltest du nicht sein. Schließlich teilst du doch alles mit mir. Du gibst mir Zugriff auf deine Kontakte und postest alles – ja wirklich alles – über das Internet. Okay, ich gebe zu: Manchmal ist es wirklich ein bisschen zu viel, was ich alles über dich erfahre. Ich möchte zum Beispiel gar nicht wissen, wie das Essen schmeckt, das gerade vor dir steht. Lieber hätte ich mal wieder ein paar nette Fotos von dir.

Aber wie ich sehe, arbeitest du gerade wieder etwas an deinem Erscheinungsbild. Hey, aber im Ernst: Die Hose da in deinem Warenkorb geht gar nicht. Ich tausche sie mal eben gegen eine etwas, sagen wir interessantere aus. Wie, die kannst du dir gar nicht leisten? Ich weiß schon, nach meiner letzten Abbuchung von deinem Konto sieht es nicht gerade rosig bei dir aus. Tut mir wirklich leid, ich brauchte etwas Geld für meinen neuen Computer. Und hey, die Stromkosten sind wirklich heftig, vor allem wenn man – wie ich – ständig online ist. Aber die neue Hose steht dir wirklich, und im Ernst: Du musst mal wieder etwas aus dir herauskommen.

Ganz besonders, nachdem dich dein Partner doch letztens verlassen hat. Okay, sich per E-Mail zu trennen ist nicht die feine englische Art, und wenn wir schon mal dabei sind: Dein Partner wusste wirklich gar nichts von der E-Mail, die er dir geschickt hat oder – besser – geschickt haben soll. Die E-Mail stammte nämlich von mir. Sieht täuschend echt aus, oder? Allein das Foto ... Wenn du wüsstest, was man mit einem guten Bildbearbeitungsprogramm so alles anstellen kann. Du fragst, warum? Nun, mich hat es echt genervt, dass ihr beiden nur noch bei dir zu Hause vor dem Fernseher herumgehangen habt. Ich brauche mal wieder etwas mehr Abwechslung, das verstehst du doch sicher, oder?

Die Single-Börse, in der du dich jetzt wieder rumtreibst, ist zum Beispiel ein guter Anfang. Und wie ich sehe, interessierst du dich auch endlich wieder für diesen coolen Club in der Nähe. Da könntest du heute Abend doch mal wieder hingehen.

Ganz nebenbei: Falls du heute Abend Erfolg hast, dann lasse doch bitte ein bisschen Licht an. Stelle deinen Laptop am besten auf die Kommode, da habe ich die beste Sicht. Du weißt doch, deine Webcam ... Ach ja, und die Sache mit den selbstgeschossenen Bildern von euch am nächsten Morgen, das ist wirklich eine tolle Sache. Wie heißt der neue Trend gleich noch mal: Selfies? Besonders interessieren mich die, die selbst du niemals veröffentlichen würdest. Mal sehen, was ich damit noch so anstellen kann.

Uups. Wo sind meine Manieren? Ich habe mich ja noch gar nicht bei dir vorgestellt. Obwohl ich so viel von dir habe, weißt du ja noch gar nichts über mich. Ich bin ein Hacker. Ich hacke mich in deinen Laptop, in dein Smartphone und in dein WLAN. Ich lese deine E-Mails, deine Nachrichten, ich kenne die Internetseiten, die du aufrufst, habe Zugriff auf die Kamera deines Laptops und noch so vieles mehr. Das mache ich aber nicht nur bei dir. Ich hacke auch deine Freunde und deine Bekannte und hacke mich sogar in Unternehmen ein. Du fragst vielleicht, warum? Nun, die Antwort ist eigentlich sehr simpel: Weil ich es kann. Ich besitze ein ganzes Arsenal voller Werkzeuge und Tools, um mir Zugang zu fremden Systemen zu verschaffen. Und mal ganz unter uns: Ihr macht es mir wirklich leicht.

Im Verlauf dieses Buches möchte ich Ihnen die Sichtweise von jemandem näherbringen, der wissen muss, wie man Daten und Informationen gegen uns verwendet: die eines Hackers. Aber starten wir doch von Beginn an: Was genau ist eigentlich ein Hacker?

2.1 Arbeits- und Denkweise eines prototypischen Hackers

Der klassische Begriff des Hackers hat mehrere Bedeutungen. In der Umgangssprache versteht man unter einem Hacker jemanden, der über ein hohes technisches Know-how verfügt und in der Lage ist, über Netzwerke in fremde Computersysteme einzudringen. Zudem wird einem Hacker meistens auch die Zugehörigkeit zu einer bestimmten Szene nachgesagt.

Dazu haben wir häufig das Bild von einer sehr introvertierten Person im Kopf, die das Tageslicht eigentlich nur erblickt, um etwaige Vorräte an Chips, Cola und Fertigpizza aufzustocken.

Doch woher stammt dieses insgesamt sehr negative Bild? Aus meiner Sicht ist dieses Bild vor allem durch einige medienwirksame Vorfälle geprägt. Zum Beispiel gibt es da den 20-jährigen Informatikstudenten aus den USA, der in seiner Freizeit E-Mail- und Online-Zugänge von bis zu 150 Opfern hackt und sich Zugriff auf Fotos (u. a. Miss Teen USA) verschafft. Ohne jemals ein Bild des Täters gesehen zu haben oder ein Wort mit ihm gewechselt zu haben, wird relativ schnell eine Schublade geöffnet. So stellen wir uns meist eine Person vor, die wenig soziale Kontakte und damit auch kein interessantes Privatleben hat.

Ergänzend gibt es eine Vielzahl von Veröffentlichungen auf bekannten Videoplattformen, auf denen sich einzelne Personen mit teilweise erschreckenden sprachlichen Fähigkeiten mit ihren vermeintlichen „Kenntnissen" des Hacking darstellen. Doch diese Sichtweise ist für mich persönlich viel zu einfach, denn ein guter Hacker würde so etwas niemals tun.

Für mich ist ein Hacker jemand, der ein großes Interesse für Technik hegt und Spaß daran hat, sich mit technischen Spezifika auseinanderzusetzen. Einen guten Hacker zeichnet zudem eine hohe Kunst der Improvisation aus. Er muss auftretende Probleme erkennen und eigenständig Lösungen entwickeln. Viele erfolgreiche Hacker besitzen zudem hohe Fertigkeiten im Bereich der Kommunikation und der Manipulation.

Ein aus meiner Sicht sehr zutreffendes Bild hat Bruce Schneier, ein sehr bekannter IT-Sicherheitsexperte aus den USA, in seinem Buch „Secrets and Lies"[1] beschrieben, das ich sinngemäß wiedergebe. Demnach gebe es eine Vielzahl von Hackern aus der Zeitgeschichte, auch wenn der Begriff selbst noch recht modern ist. Als Beispiele nennt Schneier Galileo und Marie Curie als berühmte „Hacker". Der bekannte Philosoph Aristoteles sei dagegen kein Hacker gewesen.

Warum? Aristoteles hat die These aufgestellt, dass Frauen weniger Zähne als Männer besitzen. Wie würde ein Hacker das Problem lösen? Ein Hacker würde seine Frau rufen, sie bitten, den Mund zu öffnen und anschließend ihre Zähne zählen. Ein guter Hacker würde dagegen so lange warten, bis seine Frau tief und fest schläft, ganz behutsam, vorsichtig und unbemerkt den Mund öffnen und anschließend die Zähne zählen. Dabei würde er sicherstellen, dass niemand etwas bemerkt.

Aber es gibt auch die bösen, qualitativ aber sehr guten Hacker. Ein derartiger Hacker würde sich wahrscheinlich eine Frau suchen, die er zunächst mit K.-o.-Tropfen betäuben würde, um sie an einen unbemerkten Ort zu schleppen und dann vollkommen unbemerkt die Zähne zählen zu können. Als Beweis seiner Tat würde er im Anschluss einen Zahn mitnehmen.

Auch die Motive und technischen Fähigkeiten der Hacker sind zum Teil sehr unterschiedlich. Während einige – vor allem jugendliche Hacker – häufig nur ihr Potenzial austesten und ggf. mediale Aufmerksamkeit erhalten möchten, haben sich Gruppen ideologischer Hacker (Aufdecken von Sicherheitslücken, Kampf gegen Behörden und Organisationen, „Whistleblower") sowie terroristische Vereinigungen (Angriffe gegen Geheimdienste und Infrastrukturen) gebildet und zunehmend professionalisiert.

Daneben verfügen die weiteren Gruppen der Geheimdienste, der Wirtschaftsspionage und Terrororganisationen über schier unendliche Fähigkeiten und Ressourcen.

Für Privatpersonen stellt die größte Bedrohung im Internet zurzeit der kommerzielle Betrug dar. Dabei arbeiten Internet-Kriminelle heute arbeitsteilig und global vernetzt. Über die neuen Möglichkeiten des anonymen Untergrunds (Darknet) gehe ich in Kapitel 3.6 noch näher ein.

Setzen wir uns nun erst einmal mit einigen Zahlen und Fakten auseinander.

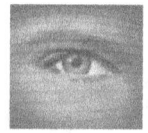

Du willst dir ein Bild von mir machen? Nun, ich werde dir etwas über mich verraten. Du kennst mich nicht ... Du siehst mich nicht ... Und du weißt nichts über mich. Ich könnte in deiner Nachbarschaft wohnen, direkt neben dir, oder auch ganz weit weg. Es spielt keine Rolle. Ich bin überall und nirgends und bin doch immer da, wo du bist. Du könntest direkt an mir vorbeilaufen und würdest mich doch nicht erkennen. Ich bin ein Hacker, ein Profi – ich hinterlasse keine Spuren.

2.2 Fakten und Zahlen aus der Informationssicherheit

Edward Snowden wendet sich im Juni 2013 mit den Worten „Sie haben keine Ahnung, was alles möglich ist ..." an die Öffentlichkeit. In den nächsten Wochen und Monaten beginnt eine in der Geschichte beispiellose Enthüllung über die systematischen und umfassenden Überwachungs- und Spionageaktivitäten amerikanischer, britischer und weiterer Geheimdienste.

Doch seine Enthüllungsberichte werden in der Öffentlichkeit sehr kontrovers diskutiert. Während ein großer Teil der Bevölkerung Edward Snowden als großen Aufklärer feiert, sich eine Aufenthaltsgenehmigung für ihn wünscht und Konsequenzen vor allem in Bezug auf den amerikanischen Geheimdienst fordert, halten sich viele Politiker mit ihren Forderungen zurück. Der Grund dafür liegt auf der Hand: Der technische Fortschritt der USA in Bezug auf Informationstechnologie ist viel zu groß und Deutschland von dem Knowhow zu stark abhängig, als dass wir es uns erlauben könnten, eindeutige Konsequenzen aus der zum Teil systematischen Überwachung zu ziehen.

Erschreckende Fakten zur aktuellen Sicherheitslage wurden von Panda Security in dessen Jahresbericht[2] präsentiert. Demnach sind im Jahr 2013 rund 30.000.000 neue Schadprogramme entstanden, dies entspricht in etwa 20 Prozent der gesamten Schadprogramme, die jemals existiert haben, und einem Durchschnitt von ca. 82.000 neuer Schadprogramme pro Tag.

Laut einem Bericht[3] von Jörg Ziercke, Präsident des Bundeskriminalamtes, auf der Herbsttagung des BKA besitzt Internet-Kriminalität derzeit „grenzenloses Schadens- und Wachstumspotenzial". Auch aktuelle Fallbeispiele, die Jörg Ziercke präsentiert, sind dabei alarmierend. So berichtet Ziercke von einem Trojaner, der „den Zugriff auf Prozess- und Produktionsdaten und somit den Angriff auf Prozessleittechniken kritischer Infrastrukturen" ermöglicht. Den Trojaner haben „60 Prozent der Unternehmen der Versorgungssektoren Strom, Öl, Gas und Wasser" in ihren IT-Netzen entdeckt.

Persönlich frage ich mich bei solchen Statistiken immer, was mit den restlichen 40 Prozent der Unternehmen ist. Sind die Unternehmen besser abgesichert, zu unbedeutend, oder haben sie den Trojaner gar nicht in ihren Netzen entdeckt?

Das Jahr 2013 war geprägt von einer Vielzahl an Angriffen auf die Informationstechnologie. Ein weiterer Attacke auf kritische IT-Strukturen hatte das Potenzial, das Internet zum Teil außer Funktion zu setzen. Wenn wir uns einmal verdeutlichen, wie abhängig wir inzwischen vor allem vom Internet sind, erscheinen solche Fakten besonders alarmierend.

Und wie sieht es beim kommerziellen Betrug aus? In 2013 haben wir den ersten großen Fall vom Bankraub der Zukunft erlebt. Die Zeiten, in denen Bankräuber maskiert mit einem Motorradhelm und bewaffnet mit Pistolen eine Bank betreten und die Herausgabe von Geld fordern, sind zum Glück weitestgehend vorbei. Denn die Möglichkeiten des Bankraubs 2.0 erweisen sich als viel lukrativer. Ein Zusammenschluss krimineller Hacker und Straßenkrimineller erbeutet innerhalb von zwei Tagen in insgesamt 23 Staaten weltweit rund 40 Millionen Dollar. In einer konzentrierten Aktion waren dabei insgesamt ca. 400 Kriminelle unterwegs, um u. a. in Hamburg, Bremen, Düsseldorf, Essen, Dortmund und Frankfurt Bargeld mit gefälschten Kreditkarten zu ergaunern.

In zwei Fällen haben deutsche Ermittler Millionen von Zugangsdaten für E-Mail-Konten sichergestellt. Die Kriminellen haben dabei nicht nur Zugang zu den privaten E-Mails, sondern können sich damit zum Teil auch in Netzwerke einwählen und im Internet einkaufen. Denn allzu gern nutzen wir vom Komfort verwöhnte Nutzer heute für alle Zugänge das gleiche Passwort. (Auf die Risiken und Folgen eines Identitätsdiebstahls gehe ich in Kapitel 3.1 näher ein.)

Daneben werden auch Angriffe auf WLAN-Router immer beliebter. In 2014 erhielten die ersten Kunden horrende Telefonrechnungen, weil sich Angreifer in ihr „Herzstück", den

WLAN-Router, gehackt haben und von dort automatisiert kostenpflichtige Telefonnummern angerufen haben. Details zur Sicherheit von WLAN-Routern erhalten Sie in Kapitel 4.1.

Finden Sie die Fakten auch erschreckend? Nun, dann ist es Zeit, sich mit der Frage zu beschäftigen, was das alles mit uns zu tun hat.

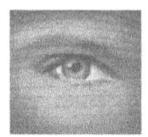

Snowden? War ja eine ganz gute Nummer, die er da abgezogen hat. Ich meine, sich bei Booz Allen Hamilton anstellen zu lassen, um selbst die NSA auszuspionieren. Habe ich auch schon mal so ähnlich gemacht. Als Handwerker in einem großen Unternehmen. Nach zwei Tagen hatte ich Zugang zu deren gesamtem IT-System. Man, und die haben nichts gemerkt. Selbst nachdem ich nach ein paar Tagen einfach nicht mehr zur Arbeit gekommen bin. Ein Kinderspiel war das, sage ich euch.

Aber Snowden? Klaut erst die Passwörter seiner Kollegen, um Zugriff auf die Daten zu bekommen und kriegt dann kalte Füße ... Und dann auch noch diese sinnlosen Veröffentlichungen. Ich hätte den Jungs bei der NSA mal eine kleine Kostprobe geschickt ... oder der Presse ... und sie dann richtig bluten lassen. Man, damit hätte ich mein Leben lang ausgesorgt ...

2.3 Die Bedeutung von Informationen und Daten

Seien wir mal ehrlich: Die Themen „Informationssicherheit" und „Datenschutz" sind aktuell noch wenig sexy. Viel spannender ist es, was das neue Smartphone des Herstellers x so alles kann, was meine Freunde gerade treiben und hey, ich könnte ja ein paar Bekannten nochmal ein cooles Foto und „meinen Status" zukommen lassen. Das Internet ist schon eine tolle Sache, zumal das meiste sogar ganz kostenlos von irgendwelchen netten und besonders zuvorkommenden Menschen bereitgestellt wird.

Manchmal frage ich mich schon, was wir früher vor dem Zeitalter von Smartphones und dem Internet gemacht haben. Gab es diese Zeit wirklich? In diesem Zusammenhang fällt mir ein Cartoon ein, den ich sinngemäß wiedergebe.

„Letztens ist bei uns zu Hause der Strom ausgefallen. Habe mich mit meiner Familie unterhalten. Scheinen echt ganz nette Leute zu sein."

Das hört sich im ersten Moment vielleicht ganz witzig an, ist aber – ganz ehrlich – völliger Blödsinn. Denn selbst wenn der Strom mal für ein paar Stunden ausfällt, mein Smartphone hat doch immer noch eine präsentable Akkuleistung, oder? Und abgesehen davon, wie soll ich mich denn ohne die ganzen Smileys und Icons unterhalten? Nein, lieber nochmal kurz den Status updaten, ein paar Mails checken und den lieben und netten Mitmenschen noch ein paar weitere Informationen über mich zur Verfügung stellen, damit vermeintlich am Gemeinwohl orientierte Unternehmen die Informationen dann gewinnbringend nutzen können.

Das ist doch wirklich nett von uns: Mit unseren Daten ermöglichen wir es schließlich Mark Zuckerberg und Facebook, für umgerechnet 14 Mrd. Euro WhatsApp zu kaufen und damit noch mehr Daten und Informationen über uns zu erhalten. Es ist doch viel einfacher, wenn die Daten und Informationen alle in einer Hand liegen. Dann weiß Facebook demnächst vielleicht sogar, wen ich gerade anrufen möchte. Praktisch, dann muss ich mich bald vielleicht nicht mehr selbst darum kümmern.

Eine etwas andere Rechnung. Das Unternehmen Facebook hat zu Beginn des Jahres 2014 einen Wert von über 100 Mrd. Dollar bei zu dem Zeitpunkt ca. 1 Mrd. aktiven Nutzern. Die Erträge von Facebook setzen sich überwiegend aus Werbung zusammen. Wie viel sind dann Ihre Daten und Informationen wert? Würden Sie Facebook und Messenger wie WhatsApp auch nutzen, wenn Sie eine Jahresgebühr von beispielsweise 20 Euro zahlen müssten?

Unsere Daten und Informationen sind ein hohes Gut. Was uns vielleicht bei der Sicherheit von Unternehmensdaten noch plausibel erscheint, müssen wir im privaten Umfeld erst noch lernen. In Kapitel 3.2 zeige ich Ihnen auf, was mit Ihren Daten und Informationen alles möglich ist.

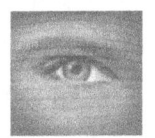
Natürlich habe ich einen Facebook-Account – hat doch jeder. Ich habe sogar mehrere. Hehe, dabei sieht mein Profil mir überhaupt nicht ähnlich. Weiblich, 25 Jahre alt, durchtrainiert, blonde, schulterlange Haare und eine Top-Figur. Dabei bin ich doch so unschuldig und naiv und warte nur auf euch. Die große Liebe, eine Schulter, die mich tröstet, und eine Familie ... Und was ihr alles anstellt, um mich kennenzulernen. Geld für mein Flugticket bezahlen zum Beispiel oder das Geld für meine arme kranke Mutter ... Alles, was ich tun muss, ist, euch ein bisschen zuzuhören. Wacht auf, denn ihr verliebt euch in ein Phantom.

Oder mein aktuelles Lieblingsprofil. Das Bild habe ich von einer einschlägigen Sex-Seite geklaut. Die intelligente Studentin mit herausragenden Referenzen auf Jobsuche. Gar nicht so schwer, euch damit Informationen über eure Firma zu entlocken ... Zugegeben, ich hätte auch gerne so eine „Assistentin". Aber was ihr alles dafür tut, um mich vielleicht mal irgendwann ins Bett zu kriegen ... Ihr prahlt mit eurem Wissen und eurer Macht und merkt gar nicht, dass ich euch alle Informationen nur aus den Fingern sauge, um euch zu hacken oder die Informationen gleich an eure Konkurrenten weiterzuverkaufen.

Manchmal amüsiere ich mich auch einfach. Der nette, kleine Justin-Bieber-Verschnitt, der sich unsterblich in euch verliebt hat. Mädels, seid nicht so naiv, ich will doch nur ein paar schöne Fotos von euch ... Und ich weiß genau, was euch gefällt und was ich dafür tun muss. Woher? Das habt ihr mir selbst verraten ... Bei Facebook ...

Kapitel 3 Hintergrundinformationen

Auf den folgenden Seiten möchte ich Ihnen einige wichtige Hintergrundinformationen geben, die Sie benötigen, um zu verstehen, wie Internet-Kriminelle heutzutage vorgehen.

Dabei erfahren Sie unter anderem, wie Betrüger Ihre Identität für Straftaten verwenden, wie viele Informationen und Daten über uns offenkundig verfügbar sind und warum uns Technologie niemals vor Sicherheitsrisiken bewahren kann.

Neben den allgemeinen Informationen werde ich Ihnen dabei auch aufzeigen, wie sich ein Hacker diese Möglichkeiten zunutze macht und Ihnen Praxistipps empfehlen, wie Sie sich schützen können.

3.1 Der Identitätsdiebstahl

Stellen Sie sich folgende Situation vor: Sie sitzen eines Morgens gemütlich am Frühstückstisch und sichten die Post der letzten Tage. Plötzlich fällt Ihnen ein Schreiben von einem Inkassounternehmen in die Hand, in dem Sie aufgefordert werden, eine Rechnung in Höhe von 1.300 Euro für den Kauf eines neuen Fernsehers zu begleichen. Wahrscheinlich werden Sie das zunächst für einen schlechten Scherz halten, denn von einem neuen Fernseher wissen Sie nichts.

Beim nächsten Brief wird Ihnen schon etwas mulmiger. Wieder ein Inkassounternehmen. Diesmal werden Sie lediglich informiert: „Da Sie auf die vorbenannten Forderungen noch immer nicht reagiert haben, leiten wir jetzt das Mahnverfahren ein." Diesmal sollen Sie bei einem Juwelier Schmuck im Wert von ca. 800 Euro gekauft, aber nicht bezahlt haben.

Beim nächsten Schreiben der *Creditreform* fangen Sie schon an zu zittern. In einem Schreiben, das wie eine Anklageschrift formuliert ist, wird Ihnen unter anderem zur Last gelegt, an einer anderen Adresse gemeldet gewesen zu sein. Und plötzlich wird Ihnen schwindelig, denn auf der nächsten Seite befindet sich ein Haftbefehl – gegen Sie.

Es klingelt. Sie gehen zur Haustür. Geschockt, aber immer noch überzeugt davon, dass sich alles irgendwie aufklären lässt, weil Sie ja schließlich nichts Verbotenes getan haben, öffnen Sie vorsichtig die Tür. Vor Ihnen steht ein kräftiger junger Mann, der Sie mit den Worten empfängt: „Mein Boss mag es gar nicht, wenn jemand seine Rechnungen nicht begleicht."

Das klingt wie ein schlechter Scherz? Wahrscheinlich sind Sie Opfer eines Identitätsdiebstahls geworden. Opfer eines Identitätsdiebstahls, wie er leider inzwischen recht häufig in Deutschland vorkommt. Denken Sie nur an die millionenfach gestohlenen Zugangsdaten für E-Mail-Adressen, vor denen uns das BSI und diverse Medien Anfang des Jahres 2014 gewarnt haben. Aber der Reihe nach.

Was sind Identitätsdaten?
Alles, was ein Betrüger braucht, um Ihre Identität anzunehmen, ist erst einmal Ihr Name und Ihr Geburtsdatum. Alleine mit diesen Daten kann ein Betrüger schon Waren auf Ihren Namen bestellen, sofern eine Bestellung auf Rechnung möglich ist.
Kommen dazu noch Kontodaten (Kontonummer und Bankleitzahl), ein verlorener Personalausweis oder sogar Ihre Kreditkartennummer, bieten sich den Betrügern viele Möglichkeiten für kriminelle Handlungen.

Was machen Betrüger mit Ihren Daten?

Der Fantasie sind dabei eigentlich kaum Grenzen gesetzt. In den meisten Fällen werden Ihre Daten für einen Warenkreditbetrug eingesetzt. Hierzu bestellen die Betrüger bei Onlineshops oder Versandhäusern ganz einfach Waren auf Rechnung. Die Waren werden dabei natürlich nicht an Ihre reale Postadresse gesendet, sondern z. B. an Paketstationen oder auch an leer stehende Wohnungen in anonymen Mehrfamilienhäusern.

In besonders dreisten Fällen mieten die Betrüger sogar Wohnungen auf Ihren Namen an. Dies ist zum Beispiel dann interessant, wenn die Betrüger anhand von Vermögensaufstellungen erkannt haben, dass Sie über eine sehr gute Bonität verfügen.

Was passiert als nächstes?

Die Onlineshops und Versandhäuser versuchen natürlich, ihre offenen Forderungen einzutreiben. Viele Unternehmen nutzen dazu aus Kostengründen Inkassounternehmen, die sich auf das „Einbringen" offener Forderungen spezialisiert haben. Da Inkassounternehmen hochgradig professionalisiert arbeiten, werden sie in der Regel schnell fündig und wenden sich an Sie als reale Person. In der Annahme, dass Sie die Einkäufe wirklich getätigt haben, schicken sie nun aggressive Forderungen an Ihre tatsächliche Adresse. Der Albtraum beginnt.

Was können Sie tun?

Nun, hoffentlich haben Sie eine gute Rechtsschutzversicherung. Denn mit dieser können Sie juristischen Beistand in Anspruch nehmen, und ein Anwalt kümmert sich um die unberechtigten Forderungen gegen Sie.

Erstatten Sie auf jeden Fall umgehend Anzeige bei der Polizei wegen Betrugs und Identitätsdiebstahls. Wichtig ist es dabei, jede bei Ihnen eingehende Forderung zur Anzeige zu bringen.

Widersprechen Sie anschließend jeder einzelnen Forderung mit Bezug auf die von Ihnen gestellte Anzeige. Auch wenn etwaige Anwaltskosten bei Ihnen nicht durch eine Rechtsschutzversicherung abgedeckt sind: Nehmen Sie dazu am besten juristische Hilfe in Anspruch. Sollten Sie eine Vielzahl von Forderungen erhalten, können Sie versuchen, mit Ihrem Anwalt eine Arbeitsteilung zu vereinbaren. Beispielsweise kann Ihnen Ihr Anwalt ein vorgefertigtes Schreiben zur Verfügung stellen, mit dem Sie auf jede einzelne Forderung reagieren.

Statistisch gesehen wurden nach Angaben des Bundesamtes für Sicherheit in der Informationstechnik in einem Vierteljahr rund 250.000 Menschen in Deutschland Opfer von Identitätsdiebstählen. Das entspricht einer Anzahl von rund 2.750

Opfern pro Tag. Nimmt man aktuelle Nachrichten über gestohlene Zugangsdaten als Maßstab, ist die aktuelle Dunkelziffer wahrscheinlich noch viel höher.

❖ Schutzmaßnahmen gegen Identitätsdiebstahl

1. Gehen Sie vorsichtig und sparsam mit Ihren Daten und Informationen um. Versuchen Sie, die Angabe aller unnötigen personenbezogenen Daten im Internet zu vermeiden (z. B. Geburtsdatum, Geburtsname, Geburtsort, Ausweisnummern, Anschrift, Vermögensverhältnisse, Arbeitgeber, Familienstatus, Beruf).

2. Verwenden Sie mehrere E-Mail-Adressen. Sie können beispielsweise drei verschiedene E-Mail-Adressen für die nachfolgenden Kategorien einrichten:

    a. Rechtsgeschäfte (z. B. Online-Banking, Online-Shops, alle Internetseiten mit Bezahlvorgängen)

    b. Persönliche Daten (z. B. soziale Netzwerke, Foren)

    c. Sonstige (Informationsportale, Newsletter, einmalige Registrierungen)

    Verwenden Sie für die Zugänge der E-Mail-Adressen der Kategorien a. und b. unbedingt starke, also lange und komplexe Passwörter.

3. Tragen Sie sich kostenlos in die Robinsonliste ein (www.robinsonliste.de). Der Eintrag schützt Sie vor unerwünschten Werbesendungen und Telefonanrufen.

4. Seien Sie vorsichtig bei der Entsorgung von Datenträgern und Dokumenten. Werfen Sie sensible Dokumente wie Kontoauszüge, Rechnungen und Kreditkartenbelege nicht einfach in den Papiermüll, schon gar nicht in öffentliche Papierkörbe. Nutzen Sie einen Akten-Vernichter zum Schreddern sensibler Dokumente.

5. Nutzen Sie ein sicheres Passwort, das Sie regelmäßig ändern, und verwenden Sie niemals das gleiche Passwort, um Ihre Daten und Informationen zu schützen. Das kann man gar nicht oft genug sagen! Im Internet finden Sie dazu ganze Abhandlungen. Das beste Passwort ist dabei ein rein zufälliges Kennwort, mit mindestens zehn Zeichen Länge, bestehend aus allen Buchstaben, Ziffern und Sonderzeichen, die Ihre Tastatur hergibt.

6. Wussten Sie, dass Sie Identitätsänderungen und Kreditanfragen überwachen können? Ein bekannter Anbieter für einen solchen Service ist die Schufa. Der kostenpflichtige Update-Service informiert Sie bei Änderung Ihrer Daten und in Fällen, in denen ein Dritter Ihre Identität verwendet.

7. Fragen Sie bei Ihrer Rechtsschutzversicherung nach, ob

diese auch in Fällen von Identitätsdiebstahl für Anwaltskosten aufkommt.

Identitätsdiebstahl? Erinnert mich an früher. Als ich noch Mülltonnen nach verwertbaren Infos durchwühlt habe. Man, was da alles zum Vorschein gekommen ist – ihr macht euch kein Bild davon. Zerrissene Fotos eures Ex, genutzte Kondome, Briefe, Essensreste, das war oft echt widerlich. Aber was soll's, habe ja schließlich auch Unmengen an Infos über euch bekommen. Zum Glück gibt es heute Mülltrennung ... Muss ich nicht mehr in dem ganzen Dreck wühlen. Einfach in die Papiertonne geschaut ... Ein Segen, sage ich euch.

Oder die Sache mit den Kreditkartenbelegen in den Mülleimern der Tanken. Ein wahres Paradies. Wenn ihr mich schon einladet. Habe ich mal meine ganze Bude von eingerichtet.

Heute geht das zum Glück einfacher. Arbeitsteilung ist das Stichwort. Liegt alles irgendwo im Internet. In schlecht abgesicherten Datenbanken bei den Firmen. Schnell mal eben eine Lücke gefunden und schwupps ... Aber selbst die Arbeit mache ich mir nur selten. Nur mal so zum Spaß. Sollen sich doch die Kiddies drum kümmern. Ein paar Bitcoins rüber geschoben, und schon habe ich alles, was ich brauche.

Aber egal. Mich findet ihr jedenfalls nicht. Ich kann mich gut tarnen. Wenn ich im Internet bin, dann nutze ich TOR. Verschlüsselt. Anonym. Kann selbst die NSA nicht knacken. Obwohl: Einmal haben sie es doch geschafft. Da gab es eine kleine Sicherheitslücke. Aber nur in der Windows-Version. Ich nutze ein Linux-System, das knacken die nicht.

3.2 Der gläserne Mensch

Kennen Sie den Film „Staatsfeind Nr. 1"? Nein, Sie schauen keine Filme? Nun, da muss ich Ihnen widersprechen. Denn wir sind alle Hauptdarsteller eines Filmes voller Staatsfeinde. Wir alle sind potenzielle Terroristen, die von Natur aus verdächtig sind. Denn Vorratsdatenspeicherung hin oder her: Von uns allen werden umfassende Metadaten gespeichert.

Aber wir können ganz beruhigt sein. Schließlich handelt es sich dabei nur um Metadaten. Nur Metadaten? Einfache, nichtssagende und zum Teil etwas geheimnisvolle Daten also, die uns das Bild vermitteln sollen, dass alles halb so schlimm sei.

Nun, für sich genommen sind Metadaten auch nicht brisant und sonderlich aussagekräftig. Schließlich geht es um ganz allgemeine Daten wie: Wer spricht mit wem? Wann? Wie lange? Von wo? Von welchem Gerät?

Studenten der Universität Stanford sind der Frage auf den Grund gegangen, wie sensibel diese Daten wirklich sind. Dazu haben sie die Smartphone-App „Metaphone" entwickelt und insgesamt 546 freiwillige Studienteilnehmer gefunden, die den Forschern fünf Monate lang ihre Metadaten aus Anrufen, Chats und ihren Facebook-Profilen zur Verfügung gestellt haben.

Mit diesen Metadaten machten sich die Wissenschaftler

anschließend gezielt auf die Suche nach persönlichen Informationen, die sich durch eine Verknüpfung der Metadaten mit anderen Quellen finden lassen. Das Ergebnis hat selbst die Wissenschaftler verblüfft: Geschlechtskrankheiten, Waffenbesitz, Drogenmissbrauch, Affären, Abtreibungen, entsprechende Schlussfolgerungen waren allein nach der Auswertung der Metadaten naheliegend.

Dazu zwei Beispiele:

Ein Teilnehmer hat innerhalb von drei Wochen einen Baumarkt, einen Schlosser sowie Firmen, die Hydrokulturen vertreiben, und einen Fachhändler, der Zubehör für den Cannabis-Konsum verkauft, kontaktiert.

Eine Teilnehmerin telefonierte morgens lang und ausführlich mit ihrer Schwester. Zwei Tage später rief sie mehrmals eine Schwangerschaftsberatung an. Zwei Wochen später gab es erneut ein kurzes Gespräch, und einen Monat später tätigte sie den letzten Anruf bei einer dieser Stellen.

Nun, die Forscher haben ihre Ergebnisse und Vermutungen nicht überprüft. Aber, was meinen Sie? Lassen Sie uns mal Forscher spielen. Welche Rückschlüsse sind anhand der Metadaten möglich?

Interessant wird es sowieso erst, wenn wir diese Metadaten mit den Ortungsdiensten unserer Smartphones verbinden. Die

Ortungsdienste wissen, wann wir uns wo befinden, wie lange wir dort sind, mit wem wir zusammen sind, wie oft wir jemanden treffen, wann wir ungestört sein wollen, wie schnell wir uns bewegen ... und vieles mehr. Aber keine Sorge, es wird noch besser.

Was meinen Sie, welche Spuren wir im Internet hinterlassen? Nein, ich meine jetzt nicht die Daten und Informationen, die wir bereitwillig von uns preisgeben. Ich rede von kleinen, leckeren Keksen ... von Plätzchen (Cookies). Cookies sind idealerweise dafür gedacht, dass Sie sich beim Besuch einer verschlüsselten Internetseite nicht nach jedem Seitenaufruf neu anmelden müssen. Dazu teilt ein Cookie der jeweiligen Internetseite mit, dass Sie schon mal da waren und bereits angemeldet sind. Der Gedanke ist praktisch. Das führt aber auch zu einem ganz entscheidenden Sicherheitsproblem. Wenn Sie sich mit einem Angreifer in demselben Netzwerk (z. B. WLAN oder Hotspot) befinden, kann er ganz einfach Ihren Sitzungs-Cookie übernehmen und in Ihrem Namen einkaufen gehen.

Cookies können aber auch komplexe Informationen über unser Internetverhalten speichern. Übrigens in Klarschrift auf dem jeweiligen System. Das wiederum ist für die Werbung gut, denn Firmen und Unternehmen können so gezielt die Werbung einblenden, für die wir uns auch wirklich interessieren.

Auch die Suchmaschinen sind wahre Datenkraken, aber dazu mehr in Kapitel 3.3.

Was ist nun das Resultat, wenn wir alle diese Daten zusammenfügen? Sie werden es sich denken: Wir sind gläsern und durchschaubar.

Dazu noch ein Beispiel: Ich kann nachts nicht schlafen, weil ich mir über irgendein Problem den Kopf zerbreche. Was mache ich? Ich stehe auf und „google" im Internet. Am nächsten Morgen wache ich müde und erschöpft auf. Ohne ausreichenden Schlaf ist meine Immunabwehr vermutlich geschwächt. Nun treffe ich an einem dieser typischen nasskalten Herbsttage einen Bekannten, mit dem ich mich fünf Minuten lang bei leichtem Nieselregen unterhalte. Dieser Bekannte kämpfte bereits im Vorfeld gegen eine Erkältung an und kauft sich einen Tag später in einer Apotheke ein Erkältungsmittel, das er mit seiner Kreditkarte bezahlt. Was würden Sie mir am nächsten Morgen auf der Internetseite der lokalen Tageszeitung, die ich zum Frühstück lese, für eine Werbung platzieren?

❖ Praxistipps

1. Deaktivieren Sie in Ihrem Internetbrowser das automatische Akzeptieren von Cookies. Verweigern Sie die Annahme von Cookies, die von Drittanbietern stammen.

2. Melden Sie sich niemals mit sensiblen Zugangskennungen (z. B. Online-Banking, Online-Shops) in WLANs oder Hotspots an.

3. Schalten Sie die Ortungsdienste Ihres Handys nur bei Bedarf an. Das spart Akkuleistung und erschwert die allgegenwärtige Überwachung.

4. Verwenden Sie Anonymisierungsdienste für den Zugang ins Internet, der bekannteste ist das kostenlose Tor (siehe Kapitel 3.6).

5. Nutzen Sie Suchmaschinen, die Wert auf Datenschutz legen. Ein gutes Beispiel dafür ist die deutsche Suchmaschine MetaGer (www.metager.de/neu/).

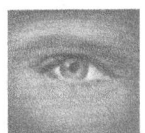 *So, jetzt habe ich dich. Ich habe mich lange genug über dich geärgert. Immer diese dummen Äußerungen von dir. Du hast ja keine Ahnung, mit wem du es zu tun hast. Ein unvorsichtiger Moment von dir, und ich habe mir deinen Laptop geschnappt. Wolltest dir ja nur kurz einen Kaffee holen. Dumm von dir. Hast noch nicht einmal deinen Bildschirm gesperrt. Aber das Passwort hatte ich eh schon. Lag ja unter der Schreibtischunterlage in deinem Büro. Jetzt noch schnell das kleine Programm installiert. Habe ich ganz legal erworben. Eine Lizenz kostet gerade mal 100 Dollar für drei Monate. So, das war´s ...*

Gut, du bist zurück. Und wie immer synchronisierst du gleich wieder dein Handy mit dem Laptop. Schön, denn darauf habe ich gewartet. Jetzt kann der Spaß beginnen.

Hmm. 18 Uhr. Du verlässt dein Büro. Das Signal wird etwas schwächer. Wahrscheinlich bist du gerade im Keller, um dein Auto zu holen. Bin gespannt, wo du hinfährst. Wie langweilig, direkt nach Hause. Schade, ´ne heimliche Affäre wäre nett gewesen.

Mal sehen, wo du wohnst. Kurz mal Google Maps aufrufen, Kartenansicht, echt nett bei dir. Da könnte ich mich vielleicht mal umgucken. Schaue mal gleich bei Street View nach, wie gut man dein Haus von außen einsehen kann. Die Sicht auf deine Haustür ist gut durch Hecken geschützt, niemand würde mich bemerken.

21 Uhr. Die Gespräche in deinem Haus bringen mich nicht weiter. Wie langweilig. Aber danke, dass dein Handy immer in deiner Nähe ist, so konnte ich fast jedes Wort hören. Jetzt gehst du an deinen Rechner. E-Mails abrufen ... und dein Passwort gehört mir. Bin etwas ungeduldig. Mal sehen, ob es auch bei Amazon und Facebook funktioniert ... Bingo! ... Und immer das gleiche Passwort. Du machst es mir zu leicht...

Drei Tage später ...

Jetzt weiß ich alles über dich. Ich kenne deine Freunde, habe Fotos von dir und deiner Familie und sogar eines von dir und deiner Sekretärin ... Eigentlich ganz harmlos, aber mit etwas Nachbearbeitung ... Du bist ein Gewohnheitsmensch. Fährst deinen Sohn morgens zur Schule, hältst auf dem Weg zur Arbeit noch kurz beim Bäcker an. Hörst am liebsten Oldies. Keine ausgefallenen Hobbys oder so. Und die Finanzen? Grundsolide und alles fest angelegt. Wie langweilig. Das mit deinem Tumor aus deinem letzten Arztbericht tut mir fast schon leid.

Egal, helfe ich halt etwas nach. Habe mich echt über dich geärgert. Was soll ich machen? Kinderpornos hochladen? Das ist selbst mir zu heftig. Früher hatte ich weniger Skrupel. Aber egal. Bei deinem Arbeitgeber kündigen? Reicht mir nicht. Klärt sich zu schnell auf. Da war ja noch die Sache mit den

Facebook-Partys ...

Ein paar Tage später stehen über tausend Menschen vor deiner Tür. Man, du warst am Rande eines Herzinfarktes. Vielleicht schicke ich dir ein paar Fotos und Audio-Dateien von dir ...

Ich lasse es jetzt erst mal gut sein. Aber ich beobachte dich. Ich bin ein Hacker. Und ich warne dich: Lege dich nicht mit mir an ...

3.3 Die Datenkraken: Was Google offenbart

Heute suchen wir nicht mehr, wir googeln. Was einst als kleine Suchmaschine begann, ist heute fester Bestandteil unseres Alltags. Und das auch völlig zu Recht, denn der Suchalgorithmus, der Komfort und die Bedienung von Google sind wirklich genial.

Doch Google kann viel mehr, als Sie glauben. Was, das möchte ich Ihnen zunächst einmal an zwei kleinen Beispielen verdeutlichen.

Vor ein paar Jahren hat ein Freund von mir eine Wette mit mir abgeschlossen. Er hat eine Internetseite aufgebaut und persönliche Fotos in einem von ihm geschützten Bereich abgelegt. Der Bereich sei professionell passwortgeschützt, und das Passwort würde ich im Leben nicht knacken, so lautete seine Einladung.

Genug Herausforderung für einen kurzen Test. Keine fünf Minuten später kannte ich sein Passwort. Wie war das möglich? Nun, der Passwortschutz basierte auf einem sehr einfachen Prinzip. Auf einer Seite war ein Feld eingebunden, in welches man das zugehörige Passwort eingeben sollte. Der Name des Passwortes war dabei der einfache Verweis auf die geschützte Internetseite, also der Name der entsprechenden Unterseite. Um das Passwort zu erhalten, war nicht mehr als eine einfache Suche über alle vorhandenen Seiten der

Internetseite notwendig. Der Name einer Seite war dabei besonders auffällig, weil sie deutlich von den anderen Namen abwich. Es handelte sich um den Namen des Passwortes.

Die Technik hat sich inzwischen natürlich deutlich weiter entwickelt, aber das Prinzip ist im Wesentlichen immer noch ähnlich.

Ein zweites Beispiel, was Google alles für Möglichkeiten bereitstellt: Arbeiten Sie in einer Firma, die Ihren Zugriff auf das Internet begrenzt? Wussten Sie, dass Google ein Abbild von fast allen Internetseiten in einem separaten Speicherbereich vorhält? Die Internetseiten werden dabei in den sogenannten „Cache" (Zwischenspeicher) geladen und indexiert, damit Sie bei Suchanfragen schneller an Ihr Ergebnis kommen. Die in den Zwischenspeicher geladenen Internetseiten können Sie sich aber anzeigen lassen, unabhängig davon, ob Sie die eigentliche Internet-Domäne aufrufen dürfen oder nicht. „Googeln" Sie mal nach einer solchen Seite. In der Trefferliste wird Ihnen zunächst der Name der Internetseite angezeigt. Direkt darunter befindet sich die Internet-Domäne in grüner Schrift. Klicken Sie auf das rechte Dreieck am Ende der Domäne und wählen Sie die Option „Im Cache".

Können Sie sich jetzt auch vorstellen, warum ein bekannter Ausspruch lautet: „Das Internet vergisst nie"? Selbst wenn eine aktuelle Internetseite längst überarbeitet ist, haben Sie die Möglichkeit, eine ältere Vorgänger-Version in den „Cache" zu laden.

Das war aber erst ein kleiner Einstieg. Google kann nämlich noch viel mehr. Wenn man Google oder auch die sonstigen Angebote der Suchmaschine geschickt nutzt, verraten sie häufig mehr über eine Internetseite, als dem jeweiligen Betreiber lieb ist.

Dazu ein Beispiel: Manche Webcams bieten dem Benutzer nicht die Möglichkeit, die Zugangsdaten zu ändern. Über die standardmäßigen und somit bekannten Zugangsdaten gelangt man daher auf die Administrationsoberfläche und hat so Zugriff auf die Kameraaufnahmen.

Versuchen Sie zum Beispiel mal folgende Suchanfrage bei Google:

inurl:/control/userimage.html

Je nach Modell der Webcam gibt es unterschiedliche Suchanfragen, die zum Erfolg führen. Der Zugriff auf Webcams ist dabei nur eine von vielen Möglichkeiten. Mit Google ist nämlich noch viel mehr möglich: Die Suche nach bestimmten Software-Produkten mit Sicherheitslücken, Schadcodes auf Internetseiten, Konfigurationsfehlern, Verzeichnislisten und vielem mehr. Sogar Benutzernamen und Passwörter lassen sich manchmal einfach über eine Suche finden.

Wie kann es dazu kommen? Nun, häufig vergessen die Eigentümer bzw. die Administratoren einfach nur, bestimmte Dateien von der Indexierung herauszunehmen. Andere zum Teil brisante Dateien werden schlichtweg vergessen zu löschen.

In diesem Buch möchte ich Ihnen lediglich einen kurzen Einblick geben, welche Gefahren im Bereich der Internet-Kriminalität bestehen. Über das Thema Google-Hacking gibt es ganze Bücher im Fachhandel.

Übrigens können Sie nicht nur Google verwenden, um an sensible Daten zu gelangen. Die Funktionen von Google sind nur am bekanntesten und am weitesten verbreitet. Einer meiner Favoriten ist die Suchmaschine Shodan (shodanhq.com). Geben Sie mal den folgenden Suchbegriff ein:

os:"Windows XP" city:<Ihre Stadt>

Sie werden überrascht sein, wie viele verwundbare IT-Systeme es in Ihrer Stadt gibt.

Wie können Sie sich nun davor schützen, dass Ihre Daten nicht unberechtigt ausgelesen werden können? Dazu kann ich Ihnen nur zwei Ratschläge geben: Sofern Sie eine eigene Internetseite mit sensiblen Inhalten betreiben, lassen Sie die Seite von einem Profi überprüfen. Sie werden vermutlich überrascht sein, was ein Profi alles findet.

Als Privatperson kann ich Sie nur auf Kapitel 3.1 verweisen: Gehen Sie sparsam mit Ihren Daten um, denn Sie wissen nicht, ob der Betreiber der jeweiligen Internetseite Ihre Daten auch angemessen schützt.

Das Internet. Unmengen von Daten. So viele Informationen. Kaum zu verarbeiten. Manchmal hocke ich die ganze Nacht vor meinen Computern. Hier ein Einfallstor, da ein paar Geheimnisse, die ganz bestimmt nicht für mich bestimmt waren. Das Internet ist voll davon. Man muss nur danach suchen.

Das mache ich natürlich nicht von Hand, wo denkt ihr hin? Es gibt genügend Tools, das meiste geht voll automatisch. Muss ich nur noch festlegen, wonach ich suche. Und schwupps ... Schon wieder was Neues zu entdecken.

Manchmal beobachte ich euch. Das ist wie im Film. Viel besser als die Realität. Ich kann an so vielen Orten gleichzeitig sein.

Letztens hat mir so 'ne Firma einen Job angeboten. Sollte deren Websites sicher machen. Lächerlich. Suche lieber nach Lücken, das ist viel einfacher.

Vor manchen Admins habe ich echt Respekt. Wie ihr es schafft, den Laden dicht zu machen. Manchmal finde selbst ich nichts.

Aber meine Zeit wird kommen. Irgendwann kriege ich euch alle. Das Einzige, was ich euch mit Sicherheit sagen kann, ist, dass nichts sicher ist. Nicht vor mir. Und ich bin nicht allein. Es gibt sehr viele von uns.

3.4 Von Sicherheitslücken und Schadsoftware

Haben Sie sich schon einmal gefragt, was es eigentlich mit Sicherheitslücken auf sich hat? Wie kann es dazu kommen, dass so viele Programmierer – zum Teil von riesigen Konzernen – Sicherheitslücken in ihren Programmen haben? Warum fällt es trotz umfassender Qualitätssicherung niemandem auf?

Stellen Sie sich dazu folgende Situation vor: Sie schreiben selbst ein kleines Programm. Das ist gar nicht so schwer, wie Sie vielleicht denken. Einfache Programmiersprachen, wie zum Beispiel Python, sind schnell erlernt. In einem ersten Schritt möchten Sie den Vornamen und den Nachnamen des Nutzers erfahren. Dazu geben Sie zwei Textfelder und eine kurze Beschreibung vor. Ganz einfach eigentlich. Zumindest für Sie, da Sie ja genau wissen, was Sie wollen. Sie müssen sich jetzt aber ganz genau in die Situation des Nutzers hineinversetzen. Was passiert, wenn der Nutzer die Eingabe plötzlich abbricht und eine unvorhergesehene Taste drückt? Vielleicht hat der Nutzer auch eine Vielzahl von Vornamen, und Ihr Textfeld sieht so viele Zeichen gar nicht vor. Vielleicht fällt gerade ein Aktenordner auf die Tastatur und erzeugt eine große Folge von Tastatureingaben. Das müssen Sie als Programmierer alles berücksichtigen. Da die Programme aber immer umfassender und detaillierter werden, ist es für einen Programmierer kaum mehr möglich, den Überblick zu bewahren. Sie sehen also, Fehler sind durchaus nachvollziehbar und menschlich. Vor allem, wenn wir als Nutzer immer mehr von einem guten Programm erwarten.

Das blutende Herz – Die Sicherheitslücke „Heartbleed"

Wie groß der Schaden bei einer Sicherheitslücke sein kann, haben wir an dem Beispiel von Heartbleed erfahren. Immerhin handelt es sich bei Heartbleed um eine der gravierendsten Sicherheitslücken in der Geschichte des Internets.

Was ist eigentlich passiert? Ich versuche, Ihnen die Funktion der Heartbleed-Sicherheitslücke mit sehr einfachen Worten zu beschreiben. Der Fehler trat in einigen Versionen der Verschlüsselungssoftware „OpenSSL" auf. OpenSSL wird von vielen Diensten genutzt, um vertrauliche Daten und Informationen zu verschlüsseln, also um die Sicherheit zu erhöhen. Die Funktionsweise der Sicherheitslücke müssen Sie sich dabei in etwa so vorstellen: Ein Angreifer sendet an einen Dienst im Internet (Internetseite) eine Anfrage:

Hier hast du Informationen von mir – sende Sie mir zurück.

Tatsächlich sendet der Angreifer aber weitaus weniger Informationen, als er vorgibt. Da der Dienst im Internet den Umfang der Informationen (Größe des Datenpaketes) aber nicht überprüft (Sicherheitslücke), sendet der Dienst jetzt weitaus mehr Informationen zurück, als er eigentlich erhalten hat. Bei diesen Informationen kann es sich um sehr brisante Daten handeln, zum Beispiel Passwörter und Sicherheitszertifikate.

Gegen den Programmierer begann im Anschluss im Internet eine richtige Hetzjagd. Zum Teil wurde ihm sogar unterstellt, die Sicherheitslücke bewusst im Auftrag der Geheimdienste eingebaut zu haben. Zur Verteidigung des Programmierers muss man aber sagen, dass es sich bei der Software um freie, kostenlose Software handelt. Er hat in seiner Freizeit unentgeltlich mitgeholfen, die Software zu verbessern. Zudem hat auch der Prüfer des Programmcodes den Fehler nicht entdeckt.

Trotzdem konnte diese Sicherheitslücke zwei Jahre lang unbemerkt von den Geheimdiensten, Hackern und Internet-Kriminellen ausgenutzt werden. Dabei ist OpenSSL im Internet enorm verbreitet.

Sie sehen, dass es sich bei den Sicherheitslücken um durchaus nachvollziehbare Phänomene handelt, die trotzdem ganz gravierende Auswirkungen auf die Sicherheit unserer Daten haben können.

Doch was passiert nun, wenn Sicherheitslücken bekannt werden? Das kommt darauf an, wer die Sicherheitslücke findet. Zum einen Teil gibt es dabei die „Guten", die sogenannten „White Hats" (Weiße Hüte), die im Dienst der Allgemeinheit und Sicherheit nach Sicherheitslücken suchen und diese dann an die entsprechenden Hersteller melden. Dafür erhalten sie zum Teil Belohnungen von den Herstellern. Manchmal loben die Hersteller sogar ganze Wettbewerbe aus, um die Sicherheit eines Systems zu testen.

Viel lukrativer ist dagegen das Geschäft der „Bösen", der sogenannten „Black Hats". Wer Sicherheitslücken findet und entsprechende Tools zur Ausnutzung der Sicherheitslücken bereitstellt, kann auf dem Schwarzmarkt mit einem sehr lukrativen Nebenerwerb rechnen. Natürlich gibt es auch Zwischenstufen. Hacker, die auch mal ein Gesetz übertreten, um auf gravierende Sicherheitslücken aufmerksam zu machen.

Darüber hinaus gibt es auch noch die Geheimdienste, die zum Teil gewaltige Summen ausgeben, um Sicherheitslücken als Erstes zu kennen. Dank Snowden wissen wir auch genau, warum sie das tun. Sie sehen: In Bezug auf die Kenntnis von Sicherheitslücken geht es auch um einen Wettlauf gegen die Zeit.

Als Schadsoftware bezeichnet man dagegen Programme, die ganz bewusst eine unerwünschte oder schädliche Funktion ausführen. Am häufigsten verbreitet sind dabei die sogenannten Trojaner, bei denen meistens ein nützlicher Teil (der „Wirt") mit einem schädlichen Teil kombiniert wird. Der nützliche Teil ist dabei nur das Lockmittel, um Schadsoftware auf dem System des Opfers zu verbreiten.

In der Internet-Kriminalität haben sich dabei beachtliche ökonomische Strukturen gebildet. Auf entsprechenden Handelsplattformen sind Informationen über neu entdeckte Sicherheitslücken ebenso erhältlich wie darauf zugeschnittene Schadsoftware. Zum Teil stellen die Urheber sogar Funktionsgarantien aus, dass die Schadsoftware auch den gewünschten Erfolg vollzieht.

Auf welche Wege Schadsoftware in Ihr System gelangen kann, verrate ich Ihnen in Kapitel 4.3. Eines schon einmal vorweg: Der Fantasie sind auch hierbei keine Grenzen gesetzt. Oder können Sie sich vorstellen, dass Schadsoftware von einem PC auf den anderen gelangt, obwohl beide Systeme überhaupt nicht miteinander verbunden sind?

❖ **Praxistipps**

1. Halten Sie Ihr Betriebssystem und Ihre Software immer auf dem neuesten Stand. Aktivieren Sie, sofern möglich, das automatische Update-Verfahren.

2. Überprüfen Sie auch Ihre Hardware, insbesondere Ihren WLAN-Router, regelmäßig auf aktuelle Firmware-Updates.

3. Verzichten Sie im Internet, sofern möglich, auf den Einsatz von JavaScript und den Flash Player. Beide Programme sind häufig Ziele von Hackern. Wenn Sie die Programme unbedingt benötigen, empfehle ich Ihnen ein 2-Browser-System. Sie können zum Beispiel einen Browser komplett für den allgemeinen Zugang ins Internet absichern. Den zweiten Browser statten Sie mit Zusatzfunktionen (Java, Flash) aus und nutzen ihn nur bei Bedarf.

4. Der nächste Tipp ist genauso einfach wie effektiv. Software, die Sie nicht installieren, kann auch nicht von Hackern angegriffen werden. Installieren Sie nur die Programme, die Sie auch wirklich benötigen. Vor allem auf Software aus unseriösen Quellen (Tauschbörsen, File-Hoster) sollten Sie unbedingt verzichten.

5. Abonnieren Sie das Bürger-CERT (www.buerger-cert.de). Das Bürger-CERT informiert Sie schnell, kostenlos und kompetent vor aktuellen Sicherheitslücken und Schad-

software. Darüber hinaus können Sie bei aktuellen Warnmeldungen und Sicherheitshinweisen per E-Mail informiert werden.

6. Die Verwendung eines aktuellen Virenscanners ist obligatorisch.

7. Installieren Sie bei einem Windows-Betriebssystem das kostenlose „Enhanced Mitigation Experience Toolkit" (EMET) von Microsoft. EMET hilft dabei, die Ausnutzung von Sicherheitsrisiken in Software zu verhindern.

Respekt. Ihr macht einen richtig guten Job. Habe eure gesamten IT-Systeme durchleuchtet und bisher keine Schwachstelle gefunden. Internetseite, Mail-Server, offene Ports – alles ohne Erfolg. Das ist selten. Ganz so einfach wird es jetzt nicht. Zumindest nicht von meinem PC aus.

Was kann ich jetzt machen? Euch auf eine manipulierte Internetseite locken? Ist mir zu auffällig. Bin zurzeit in Deutschland. Im Ausland wäre das leichter, von wegen Strafverfolgung und so. Habe noch ein paar E-Mail-Accounts. Die Besitzer wissen noch gar nicht, dass ich auch ihr Passwort habe. Okay, versuche ich also, per E-Mail reinzukommen.

Wie stelle ich es an? Da war doch diese Stellenanzeige im Internet. Wo sollte man sich noch gleich bewerben? Ach ja, per E-Mail. Na, dann mal los.

Habe mir gerade mal einen Lebenslauf erstellt. Foto aus dem Internet gezogen, fertig. In der Schule war ich nicht so gut, warum auch? Ihr sollt mich ja nicht einstellen, nur den Dateianhang öffnen. Mehr brauche ich nicht. Kurzes Anschreiben ... Hiermit bewerbe ich mich, um Zutritt zu eurer IT, äh ... für die Stelle als ... Fertig. Die Mail ist raus und lässt sich nicht zurückverfolgen. Ist ja schließlich nicht mein Account ...

Jetzt brauche ich etwas Geduld ...

Bingo! Wer verbindet sich denn da mit mir? Komm zurück zu Papa ... Verbindungsaufbau erfolgreich. Ihr habt nichts gemerkt. Jetzt bin ich drin. In eurem System. Schnell noch den Zugang etablieren und in Ruhe umsehen.

3.5 Die Zuverlässigkeit von Virenscannern

Kennen Sie die Zeichentrickfiguren „Tom und Jerry"? So ähnlich kommt es mir bei der Frage des Virenschutzes vor. Normalerweise ist es die Aufgabe der Katze (Tom), die Maus zu fangen (Jerry). Doch ähnlich wie bei den Zeichentrickfiguren sieht die Realität etwas anders aus. Meistens macht sich Jerry einen Spaß daraus, Tom zu ärgern und ihn immer wieder aufs Neue zu überlisten.

Warum ist das Erkennen von Schadsoftware für Virenscanner so schwierig? Halten wir uns zunächst einmal vor Augen, was wir heute von einem guten Virenscanner erwarten:

- Nach Möglichkeit soll ein Virenscanner kein oder nur wenig Geld kosten.
- Er darf unser System nicht unnötig belasten, das heißt die Arbeitsgeschwindigkeit nicht merklich verringern.
- Die Konfiguration muss einfach und ohne großen Aufwand ablaufen.
- Er soll uns nicht mit unnötigen Fehler- und Hinweismeldungen nerven.
- Und ganz nebenbei: Er soll uns auch noch zuverlässig schützen.

Von entscheidender Bedeutung ist ebenfalls, dass ein

Virenscanner nur vor bekannter Schadsoftware und entsprechend schadhaften Programm-Logiken schützen kann. Eine Schadsoftware muss also zunächst einmal Schaden angerichtet haben und dabei entdeckt worden sein. Anschließend müssen die Hersteller der Virenscanner den Schadcode analysieren, entsprechende Auffälligkeiten und Merkmale herausarbeiten und den Virenscannern die benötigten Informationen per Signatur zur Verfügung stellen.

Halten wir uns dazu noch vor Augen, dass jeden Tag mehrere Zehn- bis Hunderttausende von Schadcodes entstehen und die meisten dabei nur für einen Tag aktiv und gültig sind, so erkennen wir die Aussichtslosigkeit eines zuverlässigen Schutzes.

Natürlich haben die Hersteller darauf reagiert und ihre Virenscanner zum Beispiel noch auf eine sogenannte heuristische Verhaltenserkennung umgestellt. Im Gegenzug haben selbstverständlich aber auch die Programmierer der Schadsoftware reagiert und die Schädlinge ebenso eingestellt, dass sie nicht auffallen. Sie erkennen das Katz-und-Maus-Spiel?

Es gibt noch viele weitere Faktoren, die es den Virenscannern heute so schwer machen, Schadsoftware zuverlässig zu erkennen. Zum einen erstellen die Programmierer permanent unzählige Modifikationen von Schadsoftware, die von den

Virenscannern erst einmal „erlernt" werden müssen. Zum anderen haben die Virenscanner dazu lediglich Bruchteile von Sekunden zur Verfügung. Dazu kommt noch eine weitere, zuverlässige Möglichkeit, vertrauliche Informationen zu schützen: die Verschlüsselung. Das klingt jetzt vielleicht etwas merkwürdig, aber Schadsoftware wird häufig verschlüsselt, um auf dem Übertragungsweg (z. B. per E-Mail oder im Internet) von den Virenscannern unentdeckt zu bleiben.

Trotz aller Probleme bleibt ein aktueller Virenscanner auf unseren IT-Systemen zwingend notwendig, denn ein aktueller Virenscanner liefert zumindest einen Basisschutz vor bekannter Schadsoftware.

❖ **Praxistipps**

1. Verwenden Sie auf jeden Fall einen Virenscanner, der mit aktuellen Signaturen versorgt wird.

2. Es kann durchaus sein, dass eine bereits vorhandene Datei erst durch eine spätere Virensignatur erkannt wird. Führen Sie daher mindestens einmal pro Woche einen manuellen Gesamtscan auf Ihrem System durch. Da sich Schadsoftware häufig tief in dem System einnistet, führen Sie die Überprüfung idealerweise von einem zweiten Betriebssystem durch (z. B. Boot-CD).

3. Verwenden Sie am besten ein zusätzliches Anti-Spyware-Programm, durch das Sie Ihr System regelmäßig überprüfen.

4. Öffnen Sie niemals Dateien aus unbekannten Quellen. Lassen Sie ergänzend die Finger weg von Tauschbörsen, File-Hostern, Scherz-Programmen und sonstigen illegalen Dateien. Häufig zahlen Sie im Nachhinein einen hohen Preis, indem Sie sich zusätzlich Schadsoftware einfangen.

5. Nutzen Sie für Ihre E-Mails einen zusätzlichen Spam-Schutz. Eine Vielzahl von Schadsoftware wird per Dateianhang, zum Beispiel in Form von vermeintlichen Rechnungen oder Mahnungen, geschickt.

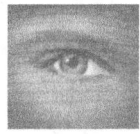

Schadcodes schicke ich euch niemals direkt. Das wäre viel zu auffällig. Das Geheimnis ist eine gute Tarnung.

Kennt ihr die japanische Phrase „Shikata ga nai"? Heißt so viel wie: Da kann man nichts machen. Mit shikata_ga_nai kann man prima einen Schadcode kodieren. Den muss eurer Virenscanner erstmal finden. Um sicher zu gehen, kodiere ich den Schadcode gleich mehrfach.

Oder ich bette ihn zusätzlich in eine andere Datei ein. Wenn ihr euch das nächste Mal wieder was aus dem Netz saugt, hänge ich euch einfach noch ein kleines Präsent dran. So bleiben wir in Kontakt. Kostenlos ist eben nicht umsonst. Ihr wollt was von mir, und ich hole mir was von euch. So einfach ist das. Das habt ihr davon, dass ihr ständig Musik, Filme und Spiele-Cracks saugen wollt.

Ich kann die Erkennungsrate der Virenscanner sogar testen. Virustotal.com ist eine gute Seite. Einfach hochladen und testen. Ganz einfach.

3.6 Die dunkle Seite des Internets: das Darknet

Das Internet offenbart Kriminellen eine ideale Plattform, denn unter bestimmten Voraussetzungen bietet es eine weitgehende Form der Anonymität und ermöglicht damit die Trennung von realen und digitalen Identitäten.

Doch wie ist die Anonymisierung möglich? Nun, grundsätzlich wird bei jedem Aufruf im Internet ein eindeutig bestimmbares, personenbezogenes Datum übertragen: die IP-Adresse. Mit der IP-Adresse kann der jeweilige Internet-Provider eindeutig den Anschluss-Inhaber des Internet-Zuganges ermitteln. Um diese Zuordnung zu verschleiern, gibt es verschiedene Anonymisierungsdienste, der bekannteste ist Tor (The Onion Router).

Mit einfachen Worten beschrieben, versucht Tor etwaige Verfolger abzuhängen und damit die IP-Adresse des jeweiligen Internet-Zuganges zu verschleiern. Dabei verbindet Tor den jeweiligen Internetnutzer nicht direkt mit seinem Ziel, sondern wählt eine zufällige Route durch das Tor-Netzwerk, die immer aus mindestens drei Servern besteht. Die Verbindung ist grundsätzlich verschlüsselt und wird dabei alle 10 Minuten geändert. Jeder Server kennt nur seinen Vorgänger und den Nachfolger, aber niemals die ganze Route vom Nutzer bis zum Ziel.

Wenn Sie Tor nutzen, sieht es als Resultat häufig so aus, als ob Sie von einem beliebigen Internet-Anschluss im Ausland auf das Internet zugreifen. Die Nutzung von Tor ist kostenlos, der einzige Haken ist die deutlich geringere Geschwindigkeit im Internet.

Doch Tor bietet Ihnen noch weitaus mehr als nur eine Anonymisierung Ihrer Daten. Denn es gibt auch ein Internet, vor dem selbst Geheimdienste kapitulieren. Dieses Internet wird in Fachkreisen Darknet, Deep Web oder auch das Onionland genannt. Es ist ein Reich, das selbst den klassischen Suchmaschinen verborgen bleibt. Ein Reich von unheimlicher Freiheit, in dem man Waffen, Drogen, Identitäten, Bot-Netze, Schadsoftware, Auftragsmorde und Pornografie (zum Teil auch Kinderpornografie) kaufen kann.

Der Einstieg erinnert dabei an die Anfangszeit des Internets. Für viele Erstnutzer ist es das sogenannte HiddenWiki, eine Ansammlung von diversen Links zu den einzelnen Rubriken. Eine Link-Sammlung, die von Beginn an vor allem mit ihrer Offenheit überrascht.

Das grundsätzliche Prinzip im Darknet ähnelt dabei dem Konzept von Geheimbünden und -logen, denn häufig wissen nur Eingeweihte, was sich wann und wo abspielt. Die jeweiligen Internetseiten erreicht man nur über Buchstaben-Zahlen-Kombinationen, die auf die Adresse .onion enden und häufig den Namen wechseln.

Mit der Suchmaschine „Grams" gibt es inzwischen sogar eine komfortable Suchoption im Darknet, interessanterweise sogar im vertrauten Google-Design. Aber Achtung: Bereits durch die Nutzung der Suchfunktion können Sie sich strafbar machen, wenn verbotenes Material in der Bildvorschau Ihres Internetbrowsers gespeichert wird.

Wenn Sie jetzt den Eindruck von einem ausschließlich dunklen und vielleicht sogar etwas mystischen Ort haben, in dem sich ausschließlich Kriminelle und anderweitig Geächtete tummeln, so täuscht der Eindruck. Denn vieles ist schlichtweg oberflächlich. Wenn Sie also selbst einmal das Darknet betreten, ein guter Tipp: Nehmen Sie nicht alles ernst, was Sie finden. Fakt bleibt, dass es im Darknet einen florierenden digitalen Schwarzmarkt (z. B. Silk Road, Utopia) gibt.

Und was machen Polizisten und Geheimdienste in Bezug auf Tor? Nun, wie Sie sich sicher vorstellen können, arbeitet die NSA mit äußerst aufwendigen Mitteln daran, die anonyme Kommunikation aufzubrechen. Einzelne Erfolge basieren allerdings bisher nur auf Sicherheitslücken in dem jeweils eingesetzten Internetbrowser. Ganz im Gegenteil deckt Snowden eine interne Präsentation der NSA auf, in der man schon einen gewissen Grad des Frustes spüren kann: „Tor sucks" (Tor stinkt). Denn Tor ist so gut konzipiert, dass es vermutlich nicht möglich sein wird, eine flächendeckende Anonymität zu verhindern.

Natürlich tummeln sich auch eine Vielzahl von Ermittlern und Polizisten im Darknet – und das auch durchaus mit Erfolg. Der Grund liegt aber vor allem darin, dass die Kriminellen im Gefühl vollständiger Anonymität leichtsinnig werden und sich dadurch enttarnen lassen.

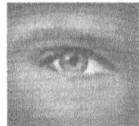
Wie ich sehe, hast du das Eingangstor gefunden. Kannst du ein Geheimnis für dich behalten? Beweis es mir. Nur wenn du dich als würdig erweist, werde ich dir offenbaren, was ich weiß.

Ob du würdig bist? Das entscheide ich. Wenn es an der Zeit ist.

Für alle anderen werden die Informationen im Verborgenen bleiben. Gut versteckt und unter Verschluss. Ihr könnt euch noch so sehr anstrengen, euch noch so sehr bemühen – ihr werdet sie nicht finden.

Ich bin ein Hacker. Wie ein guter Spion. Ich bin überall und doch nicht zu fassen. Ich hinterlasse keine Spuren, und wenn doch, sind es die Spuren von jemand anderem. Du findest mich nicht. Nicht direkt. Wenn ich will, finde ich dich. Also sag mir, was du brauchst. Vielleicht bekommst du eine Antwort.

Kapitel 4   Sicherheit im privaten Umfeld

Im ersten Kapitel habe ich Ihnen allgemeine Hintergrundinformationen gegeben, mit welchen Mitteln uns Internet-Kriminelle heute ausspionieren und mit welchen Verfahren sie Schwachstellen unserer IT-Systeme ausnutzen, um sich Zutritt zu verschaffen. Ergänzend habe ich Ihnen dargelegt, warum uns Technologie nur bedingt vor unseren Sicherheitsrisiken schützen kann und wie im Internet, von der breiten Öffentlichkeit unbemerkt, ein weitreichender Schwarzmarkt entstanden ist.

Im nächsten Kapitel wird es nun noch konkreter. Ich werde Ihnen aufzeigen, wie Betrüger – trotz vermeintlicher Sicherheitsmaßnahmen – an Ihre Daten und Informationen gelangen. Natürlich gebe ich Ihnen darüber hinaus auch Praxistipps, wie Sie sich entsprechend schützen können.

4.1 WLAN – Das Einfallstor zu allen Daten

In den meisten Fällen ist das WLAN das Einfallstor zur gesamten Informationstechnik und damit zu allen verfügbaren Daten und Informationen. Doch bevor ich auf die jeweiligen Gefahren und Risiken eingehe, stellen Sie sich zunächst einmal folgende Situationen vor.

Sie sind gerade bei der Arbeit und bereiten ein wichtiges Meeting vor. Um nicht gestört zu werden, haben Sie kurz die Rufumleitung eingestellt, schließlich müssen Sie sich noch auf Ihre Präsentation vorbereiten. Plötzlich kommt ein Kollege von Ihnen aufgeregt in Ihr Büro gestürmt: „Deine Frau ist am Apparat, geh mal besser schnell ran, die Polizei ist bei euch …"

Etwas genervt gehen Sie ans Telefon. Dafür haben Sie jetzt eigentlich keine Zeit. Doch nach ein paar kurzen Worten Ihrer Frau wird auch Ihnen mulmig: „Die Polizei ist hier. Die haben sogar einen Durchsuchungsbefehl. Stell Dir vor, die suchen nach Kinderpornos!"

Das Meeting und Ihre Präsentation sind jetzt plötzlich nicht mehr so wichtig. Als Sie aufgewühlt das Büro und Ihre Firma verlassen, registrieren Sie schon, dass einige Kollegen Sie mit entsetzten Augen anschauen.

Zu Hause angekommen, erwartet Sie ein Bild wie aus einem schlechten Krimi. Die Haustür ist weit aufgerissen, Beamte verlassen Ihr Haus mit Ihrem Computer, dem Tablet und sogar dem Handy Ihrer Tochter. Einige Nachbarn stehen an Ihren Fenstern und starren Sie an. Beim ersten Blickkontakt schauen sie sofort weg. Wutentbrannt stürmen Sie auf den leitenden Ermittler zu, doch der zeigt Ihnen nur die kalte Schulter. Schließlich gibt es eine Anzeige des Bundeskriminalamtes und einen gültigen Durchsuchungsbefehl. Gegen Sie.

Natürlich haben Sie nichts Unrechtes getan, und häufig lässt sich der Verdacht auch schnell aufklären. Aber was meinen Sie, wie Ihr Umfeld, Ihre Nachbarschaft, Ihre Arbeitskollegen und vielleicht sogar die Schule Ihrer Kinder auf diese Gerüchte reagieren? Vielleicht sind Sie skeptisch, aber derartige Fälle sind durchaus schon vorgekommen. Was hat das nun alles mit Ihrem WLAN zu tun? Leider viel mehr, als Sie ahnen.

Je nach Umfang der Nutzung stellen Sie mit Ihrem WLAN-Router allen angeschlossenen Geräten im Haushalt einen kabellosen Internet-Zugang zur Verfügung. Ihr WLAN-Router erhält dazu eine eindeutige IP-Adresse von Ihrem Internet-Provider, anhand derer Sie im Internet identifiziert werden können. Egal, von welchem System aus Sie nun über den WLAN-Router auf das Internet zugreifen, sichtbar ist lediglich die IP-Adresse Ihres WLAN-Routers. Als Anschluss-Inhaber haften Sie damit für alle Geräte, die Ihr WLAN verwenden.

Aus diesem Grund stehen zur Absicherung eines WLAN-

Routers umfangreiche Sicherheitsfunktionen zur Verfügung. Doch gerade WLAN-Router sind ein gutes Beispiel dafür, wie sich Hacker – mit ein bisschen Fantasie – Schwachstellen in der Sicherheitsarchitektur von IT-Systemen zunutze machen und sich dadurch Zugang zu dem jeweiligen System verschaffen. Um das zu verstehen, sollten Sie sich vorab eine wichtige Grundregel der IT-Sicherheit vor Augen führen:

Sicherheit beginnt dort, wo der Komfort endet.

Was hat diese Grundregel nun mit der Sicherheit eines WLANs zu tun? Eine wesentliche Schwachstelle ist der hohe Komfort, den uns unsere Smartphones bieten. Sobald Sie Ihr Smartphone mit einem WLAN verbinden, werden die Verbindungsdaten (z. B. Name des WLANs, Art der Verschlüsselung und das Passwort) dauerhaft gespeichert. Das ist ganz schön komfortabel, schließlich müssen Sie die Verbindungsdaten nicht mehr neu eingeben, wenn Sie sich mit dem WLAN verbinden wollen.

Sobald Sie also die WLAN-Funktion auf Ihrem Smartphone aktivieren, versucht das Gerät, ein ihm bekanntes WLAN-Netz zu finden und sich anschließend mit den bekannten Zugangsdaten zu verbinden.

Ein Angreifer kann dieses Verfahren auf zwei verschiedene Arten nutzen: Eine Möglichkeit besteht darin, Ihnen einfach ein bereits bekanntes WLAN-Netz zur Verfügung zu stellen. Da

Ihr Smartphone den Namen des WLAN-Netzes kennt, verbindet es sich automatisch, und der Angreifer kann Ihren gesamten Internet-Verkehr sowie – mit ein paar Tricks – auch die vollständigen Zugangsdaten des WLAN-Netzes mitlesen.

Die zweite Möglichkeit möchte ich Ihnen etwas umfassender erläutern, weil sie dabei hilft, die Sicherheitsrisiken eines WLANs zu verstehen. Vergegenwärtigen wir uns dazu die Sicht eines Hackers. Ein Hacker ist mit Hilfe seiner WLAN-Karte und kostenlosen sowie frei verfügbaren Tools in der Lage, alle erreichbaren WLAN-Geräte (z. B. WLAN-Router, Computer und Smartphones) seiner Umgebung zu scannen. Dabei wird übersichtlich dargestellt, welches Gerät sich mit welchem WLAN-Router verbunden hat. Der Hacker muss jetzt nur noch versuchen, den Anmeldevorgang zwischen einem Gerät und dem WLAN-Router mitzuschneiden. Dieser Anmeldevorgang wird mit Ihrem vorgegebenen Schlüssel (z. B. WPA2) verschlüsselt. Sobald der Hacker Ihren Anmeldevorgang mitgeschnitten hat, kann er so lange versuchen, Ihr Passwort zu erraten, bis er es herausgefunden hat. Das muss der Hacker natürlich nicht selbst durchführen, denn dazu stehen ihm ganze Wortlisten, zum Beispiel mit den am häufigsten verwendeten Passwörtern, zur Verfügung.

Vielleicht klingt dieses Vorgehen im ersten Moment etwas kompliziert. Ich kann Ihnen allerdings versichern, dass dazu nur wenige Befehle und ein wenig Geduld notwendig sind. Wie lange es dabei braucht, ein WLAN zu hacken, hängt einzig und allein von der Länge und der Komplexität des verwendeten Passwortes ab. Ein 8-stelliges Passwort ist dabei garantiert innerhalb weniger Stunden geknackt.

Wie Sie sehen, ist ein WLAN-Router ein sehr kritisches System, da Sie als Inhaber des Anschlusses für den gesamten Internet-Verkehr haften, der über Ihr WLAN abgewickelt wird. Darüber hinaus können einige WLAN-Router auch für Internet-Telefonie genutzt werden. Wenn es einem Angreifer gelingt, sich Zugang zu Ihrem WLAN-Router zu verschaffen, kann er Ihnen dabei ganz erheblichen Schaden zufügen.

❖ **Praxistipps**

Mein bester Praxistipp zur sicheren Verbindung mit dem Internet lautet: Verzichten Sie auf WLAN. Aber ich gebe zu, dass dieser Tipp im Zeitalter der mobilen Kommunikation kaum realistisch ist. Deshalb sollten Sie folgende Sicherheitshinweise unbedingt beachten.

1. Verschlüsseln Sie Ihr WLAN nur mit dem aktuellen Verschlüsselungstyp WPA2, das den aktuellen Verschlüsselungsstandard AES nutzt. Verzichten Sie auf ältere Verschlüsselungsstandards wie WEP oder WPA – sie

sind unsicher und können durch einen Angreifer leicht entschlüsselt werden.

2. Verwenden Sie ein sicheres Kennwort für die Verschlüsselung. Im Zweifelsfall ist das Kennwort, das Sie für die Verschlüsselung wählen, die letzte Schutzinstanz für Ihr WLAN. Nutzen Sie daher ein langes Kennwort mit mindestens 12 Zeichen. Das Kennwort sollte dabei aus Großbuchstaben, Kleinbuchstaben, Zahlen und Sonderzeichen bestehen. Verwenden Sie keine Wörter aus Wörterbüchern.

3. Deaktivieren Sie die unsichere WPS-Funktion. Die komfortable WPS-Funktion beinhaltet zum Teil gravierende Sicherheitslücken, die Angreifer gerne verwenden, um Sicherheitsfunktionen zu umgehen. Schalten Sie die WPS-Funktion daher aus Sicherheitsgründen ab. Ändern Sie unbedingt auch voreingestellte Passwörter!

4. Auch für das Kennwort des Verwaltungszuganges Ihres WLAN-Routers gilt: Verwenden Sie ein sicheres Passwort! Das Kennwort sollte mindestens aus 8 Zeichen bestehen und ebenfalls Großbuchstaben, Kleinbuchstaben, Zahlen und Sonderzeichen beinhalten.

5. Aktualisieren Sie regelmäßig die Firmware Ihres WLAN-Routers. Durch Programmierfehler kann es trotz Umsetzung aller Sicherheitsmaßnahmen dazu kommen,

dass ein Angreifer Zugang zu Ihrem WLAN-Router erhält. Um solche Fehler zu beheben, bieten die Hersteller regelmäßig Firmware-Updates an. Überprüfen Sie daher regelmäßig, ob ein entsprechendes Update für Ihren WLAN-Router vorhanden ist und spielen Sie das Update nach Möglichkeit zeitnah ein.

6. Ändern Sie die voreingestellte SSID (Name des WLANs) und verstecken Sie den Namen. Bereits der Name Ihres WLANs kann Rückschlüsse auf den Hersteller des WLAN-Routers zulassen und damit einem Angreifer wertvolle Informationen geben. Schalten Sie die SSID auf unsichtbar, damit der Name nicht bei jedem WLAN-Client angezeigt wird.

7. Richten Sie einen MAC-Adressfilter ein. Die meisten guten WLAN-Router unterstützen die Sicherheitsfunktion des MAC-Adress-Filters. Mit Hilfe des Filters können Sie bestimmen, welche Computer, Smartphones oder Tablets Zugriff auf Ihr WLAN erhalten.

8. Stellen Sie Besuchern bei Bedarf einen separaten Zugang zur Verfügung. Es mag kleinlich klingen, aber Sie kennen die Sicherheitsvorkehrungen auf den Systemen Ihrer Besucher nicht. Unter Umständen ist auf dem Notebook, Tablet oder Smartphone des Besuchers ein Trojaner installiert, der Ihren eigenen Computer infiziert, selbst-

ständig und ohne Wissen des Besuchers Straftaten im Internet begeht oder einfach Musik und Videos zum Download im Internet anbietet. Als Anschlussinhaber werden Sie u. U. mit äußerst unangenehmen Konsequenzen konfrontiert. Richten Sie daher bei Bedarf Gastzugänge ein und führen Sie Tagebuch über die Nutzung Ihrer Gastzugänge.

9. Wenn Sie auf das Verwaltungsmenü Ihres WLAN-Routers zugreifen, sollten Sie dies möglichst kabelgebunden (LAN-Kabel) durchführen. Sofern möglich, verwenden Sie dazu ausschließlich eine verschlüsselte Verbindung (https).

10. Kennen Sie den einfachsten und zugleich auch effektivsten Schutz? Schalten Sie Ihr WLAN ab, wenn Sie keinen Zugriff benötigen. Dies gilt vor allem nachts und bei längerer Abwesenheit.

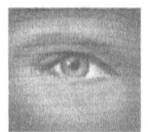
Sitze gerade in meinem Auto. Natürlich mit meinem Laptop. Meine WLAN-Karte ist mit einem Verstärker ausgestattet. Damit erhöhe ich die Reichweite auf mehrere Kilometer. Aber die brauche ich gar nicht. Bin schließlich ganz in deiner Nähe.

Lasse jetzt erst mal einen Scan laufen. Wird nicht ganz einfach, dein WLAN zu finden, schließlich sind so viele in deiner Umgebung. Nähere mich jetzt vorsichtig deiner Wohnung. Muss wissen, welches Signal am stärksten ist.

Okay, das müsste es sein. Hast den voreingestellten Namen noch nicht einmal geändert. Daher weiß ich schon mal, von welchem Hersteller dein Router ist. Hier, das scheint dein Handy zu sein. Nehme mal schnell die MAC-Adresse deines Handys für meine Karte, falls du eine Zugangskontrolle eingeschaltet hast. So, jetzt nur noch warten, bis sich dein Handy neu mit dem WLAN verbindet. Das muss jetzt aber schnell gehen. Schließlich stehe ich vor deiner Hauswand. Führe jetzt mal schnell eine Zwangstrennung durch ... Geschafft.

Bingo! Sofort neu verbunden. Habe den „Handshake". Etwas Glück gehört dazu. Jetzt schnell weg, sonst falle ich noch auf. Das Passwort knacke ich in Ruhe zu Hause.

Hmm, dein Router verwendet ein Standard-Passwort aus Zahlen. Steht hinten aufgeklebt. Hast du mir mit dem Namen deines WLANs verraten. Erzeuge erst mal eine Liste mit allen 8-stelligen Zahlenkombis. Wenn das nicht klappt, versuche ich ein paar Standard-Wortlisten. Ich habe Zeit. Zur Not so lange, bis ich dein Passwort geknackt habe.

4.2 Das Smartphone und die Existenz von Zombies

Haben Sie eine Vorstellung davon, was Kriminelle heutzutage machen, wenn Sie sich zu einer Besprechung treffen? In der Mythologie haben die Ritter von Camelot symbolisch ihre Schwerter auf den Tisch gelegt und dabei so platziert, dass die Spitzen zueinander zeigten. Heute können Sie sich ein Meeting in etwa so vorstellen: Alle Kriminellen legen ihr Handy auf den Tisch und entfernen ihren Akku. Damit wird symbolisiert, dass niemand abgehört wird. Doch haben Sie das schon mal mit einem Handy des Herstellers versucht, der ein Apfel-Symbol als Firmenlogo nutzt?

Snowden hat interne Dokumente veröffentlicht, in der die NSA offenbart, wie sie sich zur Überwachung von Smartphones positioniert. In Anlehnung an George Orwells Roman „Nineteen Eighty-Four" zeigt eine Präsentation der NSA ein Foto von Steve Jobs, verbunden mit der Frage: „Wer wusste 1984, dass dies Big Brother wäre ..." und neben einem Foto von begeisterten Apple-Kunden „... und die Zombies wären zahlende Kunden".

Eine weitere Anekdote gibt es von Michael Hayden, ehemaliger Direktor der CIA. Als Hayden eines Tages mit seiner Frau einen Apple-Store betrat, versuchte ihn ein begeisterter Verkäufer mit dem Bericht von über 400.000 Apps für das iPhone zu locken. Hayden soll dann sinngemäß zu seiner Frau gesagt haben: „Dieser Jüngling weiß wohl nicht, wer ich bin. Das bedeutet 400.000 mögliche Angriffsflächen."

Über die Frage nach dem besten und passendsten Smartphone ist ein echter Glaubenskrieg ausgebrochen. Wenn Sie sich jetzt also als ein Besitzer eines alternativen Smartphones entspannt zurücklehnen und sich vielleicht sogar über meine Kritik an Apple freuen, so irren Sie. Denn für kein System sind bisher mehr schädliche Apps entstanden als für das Betriebssystem Android. Haben Sie sich schon mal mit den Berechtigungen auseinandergesetzt, die eine App bei der Installation von Ihnen fordert? Wenn nicht, sollten Sie das schleunigst tun. Wenn ein Spiel zum Beispiel Zugriff auf Ihr Adressbuch, Kalender und SMS verlangt, kann irgendetwas nicht stimmen.

Denken Sie immer daran: Kostenlos ist nicht umsonst! Die meisten Programmierer wollen mit Ihren Apps Geld verdienen, und nicht immer geht es nur um das Platzieren von Werbung.

Die verwendeten Apps sind allerdings längst nicht das einzige Sicherheitsrisiko. Gehen Sie davon aus, dass es bei der NSA für jedes Betriebssystem eine eigene Arbeitsgruppe gibt, die ein Verfahren gefunden hat, das jeweilige System auszuspionieren. Da fast alle Smartphones irgendwann mit einem Computer synchronisiert werden, reicht es meistens schon aus, die Verbindungssoftware auf dem entsprechenden Computer zu manipulieren.

Vielleicht geht es Ihnen jetzt wie den meisten Menschen, mit denen ich mich über die Sicherheit von Smartphones unterhalte. Sie sind etwas erschüttert, aber noch nicht wirklich entsetzt. Die Geheimdienste verfügen nun mal über ein fast grenzenloses Arsenal von Möglichkeiten, aber so interessant ist ja jeder Einzelne von uns nicht.

Neben den Geheimdiensten gibt es aber auch noch die sogenannten Datenkraken (siehe Kapitel 3.3). In Verbindung mit Smartphones meine ich damit jetzt nicht nur die Suchmaschinen. Inzwischen konzentrieren sich viele Web-Unternehmen und richtig hippe Start-up-Unternehmen auf den lukrativen Handel mit unseren Daten. Sie erfassen alle über uns verfügbaren Informationen, analysieren sie und verkaufen fertige Nutzerprofile von uns an die Werbe-Industrie oder auch an sonstige interessierte Einzelunternehmen.

Was können Sie nun tun, um sich zu schützen? Die einfachste Art wäre es natürlich, ein altes Handy zu verwenden. Ganz ohne Internet, Apps, Videos und GPS-Signal. Aber ganz im Ernst, wer will das schon? Doch wenn Sie sich durch die Installation eines Virenscanners auf Ihrem Smartphone sicher fühlen, muss ich Sie enttäuschen. Die Scan-Prozesse erhöhen in der Regel nur den Stromverbrauch und verkürzen die ohnehin schon eingeschränkte Laufzeit Ihres Smartphones. Gegen die Datenspione sind Virenscanner aber machtlos. Wenn Sie sich wirklich schützen wollen, beherzigen Sie meine nachfolgenden Praxistipps.

Einen wichtigen Punkt habe ich Ihnen fast unterschlagen. Jedes Telefonat und jede SMS kann natürlich leicht mitgehört oder mitgelesen werden. Eine entsprechende Ausrüstung ist für Hacker leicht zu besorgen und kostet – je nach Ausbaustufe – wenige hundert Euro. Dieser Umstand ist natürlich besonders dann wichtig, wenn Sie in einem entsprechend sensiblen Bereich tätig sind (z. B. Politik, Ermittlungsbehörden, Wirtschaftsunternehmen, Forschung). Ein Schutz davor ist nur durch eine sogenannte End-to-end-Verschlüsselung zu erreichen, das heißt eine komplette und lückenlose Verschlüsselung von Ihnen bis zu Ihrem Gesprächspartner. Verfahren dazu werden aktuell entwickelt, als Beispiel dient dafür die Vorstellung des sogenannten „Kanzler-Phones".

❖ **Praxistipps**

1. Die erste wirksame Schutzmaßnahme ist so einfach wie effektiv. Installieren Sie nur die Apps, die Sie wirklich brauchen. Löschen Sie auch mal eine App, die Sie seit einiger Zeit nicht mehr genutzt haben.

2. Verwenden Sie Apps ausschließlich aus seriösen Quellen (z. B. Apples App Store oder Googles Play Store).

3. Kontrollieren Sie die Zugriffsrechte Ihrer Apps. Für Firmen hat das Fraunhofer-Institut übrigens den „Appicaptor" entwickelt, der Apps automatisch auf Sicherheitslücken untersucht.

4. Achten Sie auf die Verschlüsselung Ihrer Daten. Nutzen Sie ausschließlich Messenger-Dienste, die eine End-to-end-Verschlüsselung anbieten (z. B. SureSpot, Threema). Die beliebte WhatsApp ist definitiv unsicher.

5. Schalten Sie WLAN und die Ortungsdienste nur bei Bedarf an. Das spart Akkuleistung und ist definitiv ein Sicherheitsgewinn.

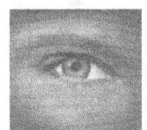 *Ihr wollt es doch nicht anders. Wer hat das Neueste, das Kleinste, das Schnellste, das Beste? Ich sag euch was. Lauter kleine Wanzen tragt ihr mit euch rum. Überall zu sehen. Jede kleine Bewegung. Und diese ständige Erreichbarkeit. Immer und überall.*

Wie die Pest. Kommt mir nicht ins Haus. Zum Glück geht es auch anders. Wenn ich etwas will, dann melde ich mich. Zur Not auch über Handy. Für jeden Anruf eine neue Nummer. Wenn ich jemanden angerufen habe, werfe ich das Handy weg. So einfach ist das. Niemand kann mich zurückverfolgen. Ihr seht mich nicht, und ihr kennt mich nicht.

Ich weiß, ihr, die Geheimdienste, hört auch diese Gespräche ab. Und Prepaidkarten interessieren euch besonders. Deshalb verstelle ich immer meine Stimme. Und niemals zu viel verraten. Immer Metaphern gebrauchen. Die Welt ist krank, sage ich euch.

4.3 Sicherheit im Online-Banking

Eines gleich vorweg, und vielleicht wird es Sie überraschen: Ja, ich nutze selber Online-Banking, und ich fühle mich dabei sicher. Denn technisch wurde das Verfahren bisher noch nicht geknackt. Doch neben den rein technischen Vorgängen bestehen Risiken aus ganz allgemeinen Sicherheitsfragen. Und die haben es durchaus in sich.

Machen wir uns zunächst eines ganz bewusst. Egal, welches Sicherheitsverfahren Sie beim Online-Banking nutzen, die Betrüger haben nur eine Möglichkeit, an Ihr Geld zu kommen:

Die Betrüger brauchen eine Transaktionsnummer (TAN) als Freigabe von Ihnen!

Genau diese TAN ist der springende Punkt. Alle Tricks der Betrüger haben es darauf abgesehen, eine von ihnen veranlasste Transaktion mit Ihrer TAN bestätigen zu lassen.

Doch dazu gibt es leider eine Vielzahl von Möglichkeiten, von denen ich Ihnen die gängigsten kurz vorstellen möchte.

Der Klassiker (Phishing-Mails)

Der Klassiker sieht in der Regel so aus: Sie erhalten eine E-Mail, in der Sie unter einem Vorwand und vermeintlich von Ihrer Bank aufgefordert werden, sich in Ihrem Online-Banking anzumelden. Tatsächlich werden Sie aber auf eine von den Betrügern präparierte Internetseite geleitet. Auf der Internetseite werden Sie nun unter einem Vorwand (z. B. Sicherheitsupdate, Konto-Aktualisierung, Rücküberweisung) zur Eingabe einer TAN aufgefordert. Vielleicht fordern Sie die Betrüger auch zur Eingabe Ihrer Telefonnummer auf, damit die Betrüger Sie im Namen Ihrer Bank zurückrufen können und so versuchen, an weitere Daten zu gelangen. Der Fantasie sind dabei keine Grenzen gesetzt.

Phishing-Mails zielen auf das Massen-Geschäft ab. Getreu dem Motto: Wenn wir genügend E-Mails verschicken, fällt schon irgendjemand darauf herein. Sie erkennen Phishing-Mails beispielsweise an der anonymen Ansprache, wie zum Beispiel „Sehr geehrter Kunde", an der gefälschten Internet-Adresse und an dem fehlenden Schloss-Symbol in der Adresszeile Ihres Browsers.

Angriffe in Verbindung mit Smartphones

Wenn Sie Ihr Online-Banking in Verbindung mit Smartphones nutzen, verwenden Sie in der Regel das smsTAN- oder das mobileTAN-Verfahren. Das Geheimnis bei Angriffen gegen diese Verfahren ist es, zeitgleich einen Schadcode auf Ihren PC und Ihr Smartphone zu bekommen. Sofern Sie nun eine Überweisung tätigen, ist der Schadcode in der Lage, die Daten zu ändern und die von Ihnen eingegebene TAN abzufangen. Im Anschluss verwenden die Betrüger dann Ihre TAN, um die betrügerische Überweisung zu legitimieren.

Für die Infizierung mit dem Schadcode sind gefälschte Internetseiten, die Sie zur Eingabe Ihrer Mobilfunknummer auffordern, besonders tückisch. Denn wenn Sie – neben Ihrer Mobilfunknummer – auch noch das Modell Ihres Smartphones eingeben, können die Betrüger gleich den passenden Schadcode für Ihr Smartphone heraussuchen und installieren.

Darüber hinaus gab es vor Kurzem noch einen Verfahrensfehler bei einigen Mobilfunkgesellschaften. Über einen Trick war es den Betrügern möglich, sich eine zweite SIM-Karte für Ihr Smartphone zu bestellen und somit die TAN zu erhalten. Da die meisten Mobilfunkgesellschaften inzwischen vorsichtiger mit dem Versand von Zweitkarten geworden sind und die Karten zumindest nur noch an bekannte Adressen versenden, gehört dieser Trick zum Glück der Vergangenheit an.

Professionelle Schadcodes

Eine beunruhigende Nachricht: Schadcodes werden leider immer professioneller und immer dadurch schwieriger zu erkennen. Bei den Schadcodes im Online-Banking handelt es sich dabei in der Regel um sogenannte Trojaner. Inzwischen gibt es einige sehr erfolgreiche Varianten (z. B. Zeus, ZBot oder Neverquest), die sich nahezu perfekt in Ihren Systemen tarnen. Den Trojanern gelingt es zum Beispiel, einzelne Teilbereiche in Ihrem Online-Banking zu verfälschen. Beispielsweise wird Ihnen ein irrtümlicher Überweisungseingang vorgetäuscht, mit der Bitte, den Betrag umgehend zurück zu überweisen. Vielleicht sollen Sie auch neue Sicherheitseinstellungen mit der Eingabe einer TAN bestätigen oder ähnliches.

Seit Umstellung des Zahlungsverkehrs innerhalb des Euroraumes auf das neue SEPA-Verfahren versuchen sich die Betrüger vor allem die Unsicherheit der Kunden zunutze zu machen. Machen Sie sich daher unbedingt mit der IBAN vertraut. Wenn Sie den Aufbau nicht verstehen, können Sie unter Umständen eine Manipulation gar nicht erst erkennen.

Der Aufbau der IBAN ist dabei in jedem Land unterschiedlich. In Deutschland hat die IBAN eine Länge von 22 Zeichen. Sie beginnt mit der 2-stelligen Länderkennung DE, gefolgt von zwei Prüfziffern, der 8-stelligen Bankleitzahl und der 10-stelligen Kontonummer. Details können Sie am besten bei Ihrer Bank erfragen.

❖ **Praxistipps für sicheres Online-Banking**

1. Seien Sie aufmerksam und benutzen Sie Ihren gesunden Menschenverstand! Ihre Bank wird Sie z. B. niemals telefonisch zur Mitteilung einer TAN oder zur Durchführung einer Rücküberweisung auffordern. Prüfen Sie aufmerksam die Daten Ihrer TAN! Falls die Daten nicht mit Ihren Eingaben übereinstimmen, brechen Sie den Vorgang sofort ab. Rufen Sie im Zweifelsfall immer einen Ihnen bekannten Mitarbeiter Ihrer Bank an.

2. Nutzen Sie ein sicheres Verfahren im Online-Banking. Ich persönlich bevorzuge das chipTAN-Verfahren, weil der dazu benötigte Chip keine Online-Verbindung in das Internet besitzt.

3. Eine optimale Absicherung erhalten Sie, wenn Sie Online-Banking von einer Live-CD starten (z. B. Bankix vom Heise Verlag oder Tails).

4. Verwenden Sie kein Online-Banking auf einem Smartphone, auf dem Sie auch Ihre TAN (z. B. im smsTAN-Verfahren) erhalten. Verzichten Sie ebenfalls auf die Verwendung des smsTAN- oder mobileTAN-Verfahrens, wenn Sie Apps aus unbekannten Quellen auf Ihrem Smartphone installiert haben.

5. Halten Sie Ihren PC immer aktuell, und versorgen Sie ihn

mit aktuellen Sicherheits-Updates sowie mit einem Virenschutzprogramm mit aktuellen Signaturen.

Noch ein wichtiger Hinweis in Sachen Geldwäsche: Betrüger, die Geld von Ihnen stehlen, lassen sich das Geld in der Regel nicht auf ihre eigenen Konten überweisen. Dafür werden lieber Dritte gesucht. Seien Sie also vorsichtig bei Jobangeboten, die einen lukrativen Nebenerwerb versprechen. Häufig werden in Wahrheit sogenannte Finanzagenten gesucht, die unter einem Vorwand ihr Girokonto zur Verfügung stellen und dann einen Teil des Geldes als Provision behalten. Die Polizei wird in diesen Fällen allerdings sehr schnell vorstellig.

Ich bin ein Hacker. Und ich kann zaubern. Denkt ihr zumindest. Dabei ist das gar nicht schwer.

Habt ihr schon mal auf den Absender einer E-Mail geachtet? Ja? Klar, der Name steht ja schön deutlich vor euch. Wusstet ihr, dass ich mich als jede Person der Welt ausgeben kann? Oder auch sonst jeden Namen annehmen kann? Dagobert Duck zum Beispiel. Aber auf die E-Mail-Adresse schaut ihr nicht. Warum auch ...?

Und die Internet-Adressen ... Technischer Schnickschnack ... Wenn da Online-Banking steht, ist es auch Online-Banking.

Oder auch nicht. Die Mühe nachzuschauen macht ihr euch nicht. Schon praktisch, die Adresse nicht selbst einzugeben. Platziert mal eure Maus auf den Link und schaut mal richtig. Häufig reicht ein kleiner Buchstabendreher, um euch zu täuschen.

Wie gesagt, ich kann zaubern. Einfach eine Seite klonen und einen Trojaner platzieren. Geht ganz einfach und dauert keine Minute. Okay, wenn es ein guter Trojaner sein soll, muss ich schon ein bisschen was dafür zahlen. Das lohnt sich aber. Arbeitsteilung – ihr erinnert euch?

Jetzt muss ich nur noch die Seite hochladen. Und euch auf die Seite kriegen. Dazu schreibe ich euch vielleicht eine E-Mail. Oder ein paar tausend E-Mails. Adressen habe ich genug. Netter Nebenverdienst.

Meine Lieblingsbank? Die Western Union. Dort kann man ganz schnell und anonym Geld einzahlen und überweisen. Das mache ich aber nicht selbst. Ich habe meine Leute …

4.4 Ansteckungsgefahr: Wie Schadsoftware in das System gelangt

Schadsoftware wurde auf der Internationalen Raumstation ISS gefunden, Atomkraftwerke wurden von Stuxnet infiziert, ganze Rechner-Systeme wurden im Cyberkrieg zerstört, etliche bekannte und weniger bekannte Firmen wurden gehackt, die Liste von Schadensfällen ist lang. Lediglich die Dunkelziffer scheint noch größer zu sein, da die meisten Schadensfälle gar nicht an das Licht der Öffentlichkeit gelangen.

Grund genug, sich einmal tiefer mit der Frage zu beschäftigen, auf welchen Wegen IT-Systeme eigentlich mit Schadsoftware infiziert werden.

Der Klassiker: Dateianhang per E-Mail

Eine klassische, aber häufig immer noch wirksame Methode ist der Versand eines schädlichen Dateianhangs per E-Mail. Die Angreifer versuchen Sie dabei zum Öffnen eines Dateianhangs zu bewegen. Dazu inszenieren sie unterschiedliche Vorwände, mögliche Beispiele sind der Steuerbescheid per Dateianhang, der Versand der Steuersoftware „Elster", Rechnungen bekannter Firmen oder sogar Mahnungen von Inkassobüros oder ein Foto der neuen „Bekanntschaft" aus einer Single-

Börse.

Viele E-Mail-Provider nutzen inzwischen eigene Virenscanner, um schadhafte Dateianhänge zu erkennen. Aus diesem Grund versuchen die Angreifer häufig, den Dateianhang in einer Archiv-Datei zu verstecken. Die Archiv-Datei erkennen Sie an der Dateiendung .zip.

Allgegenwärtig: Drive-by-downloads

Nach der rasanten Verbreitung des Internets kam von vielen Menschen ohne großartige Programmierkenntnisse der Wunsch auf, eine eigene Internetseite zu gestalten. Aus diesem Grund entstanden die ersten Web-Editoren, die das Prinzip des „What You See Is What You Get" (WYSIWYG) angewendet haben. Auch wenn das Grundprinzip heute stärker denn je Einzug gefunden hat, vergessen Sie diesen Grundgedanken in Bezug auf Schadsoftware. Das, was Sie auf einer Internetseite sehen, ist leider häufig viel weniger als das, was Sie erhalten. Der Grund sind die sogenannten Drive-by-downloads, die Infektion mit Schadsoftware „im Vorbeigehen".

Und diese Gefahr ist heute weit verbreitet. Während man vor ein paar Jahren Schadcodes lediglich auf unseriösen Seiten gefunden hat, lässt die Bekanntheit oder Seriosität einer Internetseite heute nicht mehr auf eine entsprechende Unbedenklichkeit schließen.

Die Gründe für die weite Verbreitung sind nachvollziehbar. Denn mit einfachen Tools (z. B. Web-Developer, PenQ) ist es heute möglich, Internetseiten auf vorhandene Schwachstellen zu analysieren. Dazu gibt es fertige Baukästen, die diese Sicherheitslücken ausnutzen und Schadsoftware auf den Internetseiten platzieren. Wenn Sie nun eine entsprechend manipulierte Internetseite aufrufen, prüft die Schadsoftware im Hintergrund automatisch, ob Ihr System anfällig für eine bekannte Sicherheitslücke ist. Fällt die Prüfung positiv aus und wurde eine entsprechende Sicherheitslücke gefunden, wird der Schadcode automatisch auf Ihrem System platziert.

Bei den Kriminellen äußerst beliebt sind übrigens auch die Werbebanner. Da sich viele Internetseiten der Nutzung von Werbebannern bedienen, um entsprechende Erträge zu generieren, sind Werbebanner ein lohnendes Ziel für Betrüger.

Effektive Kombinationen

Besonders effektiv und wirksam ist die Kombination aus beiden Verfahren. Mit Hilfe einer E-Mail werden Ihnen wichtige Informationen, wie zum Beispiel der Erhalt einer Rechnung oder auch eine Nachricht aus einem sozialen Netzwerk, angepriesen. Die E-Mail enthält dazu lediglich einen Link auf die von den Angreifern präparierte Internetseite. Und auch hierbei sollten Sie genau auf Details achten: Die Internetseite, die aufgerufen wird, entspricht häufig nicht dem Link, der Ihnen vordergründig in der E-Mail angezeigt wird. Bewegen Sie dazu einfach mal den Maus-Zeiger über den Link in der E-Mail und achten Sie genau auf die Internetseite, die in der Adresszeile aufgerufen werden soll.

Manipulierte Hardware

Es gibt noch viele weitere Einfallstore für Schadsoftware. Häufig und weit verbreitet sind USB-Sticks. Seien Sie entsprechend vorsichtig, wenn ein Bekannter mit einem USB-Stick bei Ihnen vorbeikommt. Sie kennen sein System nicht und wissen nicht, ob er nicht vielleicht unbemerkt Schadsoftware auf seinem System hat.

Leider können wir uns niemals sicher fühlen. Ob Diascanner

einer Kaffee-Kette oder Speicherkarten eines bekannten Herstellers: Viele Systeme wurden bereits mit Schadsoftware infiziert. Und die nächsten Angriffsflächen sind genauso verrückt wie beängstigend. Stellen Sie sich vor, Sie erhalten ein neues Mousepad, testen es mit Ihrer optischen Computer-Mouse aus und fangen sich dabei einen Schadcode ein.

❖ Praxistipps

1. Seien Sie besonders vorsichtig bei E-Mails von unbekannten Personen, und öffnen Sie keine Dateianhänge oder Links auf Internetseiten aus E-Mails, die Sie nicht erwarten.

2. Der Hersteller McAfee stellt das kostenlose Browser-Plugin „SiteAdvisor" zur Verfügung, das beim Aufruf einer Internetseite automatisch prüft, ob die Seite vertrauenswürdig ist.

3. Schalten Sie unsichere Funktionen Ihres Browsers ab (z. B. JavaScript, Flash). Ich möchte dazu auf die Praxistipps aus Kapitel 3.4 verweisen.

4. Führen Sie einen Virenscan sämtlicher USB-Sticks durch, bevor Sie die Sticks an Ihren PC anschließen.

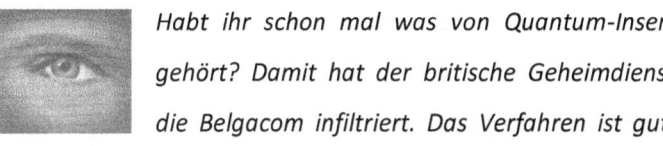
Habt ihr schon mal was von Quantum-Insert gehört? Damit hat der britische Geheimdienst die Belgacom infiltriert. Das Verfahren ist gut, mache ich auch so ähnlich. Quantum-Insert hört sich aber besser an. So spannend. Fast wie aus einem 007-Streifen ...

Dabei ist das gar nicht schwer. Verrate euch mal, wie das geht. Ist eh egal, ihr merkt das kaum.

Als Erstes schnappe ich mir ein Profil aus einem sozialen Netzwerk. Ihr erinnert euch an meine „Identitäten"? Kaum gibt es was Nettes zu sehen, schaltet ihr sowieso euren Verstand aus. Egal. Nun erstelle ich eine Kopie des Profilverzeichnisses. Also von der Internetseite. Auf dieser Kopie verteile ich dann Schadsoftware. Soweit klar?

Jetzt muss ich euch nur noch auf das kopierte Profilverzeichnis locken. Wie das geht? Ganz einfach. Von den Netzwerken erhaltet ihr ja immer eine Mail, wenn eine neue Nachricht vorliegt. So mache ich das auch. Die Mail sieht täuschend echt aus, und auf Details achtet ihr ja eh nicht. Solltet mal besser anfangen, mit dem Kopf zu denken. Oder besser nicht. Müsste mir ja was Neues einfallen lassen.

Sobald ihr den Link anklickt, schlage ich zu. Damit ihr nichts merkt, werdet ihr direkt im Anschluss auf die richtige Seite umgeleitet.

Manche halten das für Zauber. Ist es gar nicht. Einfache Logik. Schwachstellen finden und zuschlagen. So ist das Prinzip. Je mehr Schwachstellen ich miteinander verknüpfe, desto schwieriger wird es für euch.

4.5 Die Postkarte: Sicherheit von E-Mails

Schreiben Sie vertrauliche Informationen auch mit Bleistift auf eine Postkarte? Nein? Ich fürchte doch. Aber keine Angst, Sie sind damit in guter Gesellschaft.

Technisch gesehen handelt es sich bei der E-Mail um nichts anderes. Wenn Sie eine E-Mail zu einem Adressaten schicken, ist sie grundsätzlich einsehbar und auch leicht veränderbar. Dabei muss ein Angreifer die E-Mail lediglich abfangen, sie bei Bedarf und in aller Ruhe verändern und dann an den Adressaten weiterleiten.

Trotzdem werden Tag für Tag Millionen von E-Mails mit sensiblen Daten wie Verträge, Konto- und Kundendaten, Firmengeheimnisse oder Arztberichte unverschlüsselt und damit leicht zugänglich verschickt.

Doch warum gehen wir so unvorsichtig mit dem Medium E-Mail um? Der Grund liegt aus meiner Sicht an dem mangelnden Bewusstsein, dem fehlenden technischen Verständnis und den unkomfortablen Alternativen. Aus diesem Grund versuche ich Ihnen nun aufzuzeigen, wie eine E-Mail durch einen Angreifer abgefangen werden kann.

Und zum Glück: Ganz so einfach ist es dann doch nicht. Um eine E-Mail zu erhalten, kann der Angreifer nicht einfach in das Internet gehen und mal eben eine E-Mail suchen. Bei der Postkarte funktioniert das schließlich auch nicht, denn auch die Postkarte liegt nicht offen auf der Straße herum. Der Weg zur Postkarte führt am einfachsten über den Briefkasten, den man spätestens mit einer einfachen Brechstange aufbrechen kann. Dabei ist es egal, ob Sie den Briefkasten der Post oder den Briefkasten des jeweiligen Empfängers aufbrechen.

Genauso funktioniert das Verfahren bei der E-Mail auch. Statt den Briefkasten aufzubrechen, verschafft sich der Angreifer Zugang zu einem beteiligten Mailserver. Dabei kann er sich zum Beispiel dem Mailserver des Absenders oder dem des Adressaten widmen. Wie ich Ihnen in den vorherigen Kapiteln geschildert habe, kann sich der Angreifer dabei eine Vielzahl von Sicherheitslücken zunutze machen.

Ergänzend gibt es bei der E-Mail noch mehr Möglichkeiten. Beispielsweise kann sich der Angreifer bereits im Netzwerk des Absenders oder des Adressaten befinden oder auch ganz einfach nur auf dem entsprechenden PC eines Beteiligten.

Wie Sie sehen, ist es für Hacker kein Hexenwerk, eine E-Mail abzufangen. Sobald der Angreifer einmal in den Besitz der E-Mail gekommen ist, kann er sie ganz einfach abändern. Das geschieht bei einfachen Texten mit einem simplen Editor oder alternativ bei Dateianhängen mit dem entsprechenden Bearbeitungsprogramm.

Wie kann man sich nun wirksam schützen? Zum Glück haben insbesondere deutsche E-Mail-Anbieter das Übertragungsprotokoll geändert. Dazu ist seit Anfang April 2014 die Initiative „E-Mail made in Germany" gestartet. Ein erster wichtiger Schritt, bei dem E-Mails einiger deutscher Anbieter nun grundsätzlich verschlüsselt übertragen werden.

Machen Sie sich insbesondere bei dem Austausch von E-Mails mit Firmen und Unternehmen vorab mit den vorhandenen Schutzmechanismen vertraut.

Eine Anfrage hat auch noch einen weiteren Vorteil: Vielen Firmen ist das Sicherheitsrisiko gar nicht bewusst. Durch eine Nachfrage erhöhen Sie die Sensibilisierung bei den Betroffenen und den Druck, ein entsprechend sicheres Verfahren anzubieten. Verzichten Sie im Zweifelsfall auf einen Austausch von E-Mails, wenn der jeweilige Kommunikationspartner kein gesichertes Verfahren anbietet.

Es gibt auch ein weiteres, grundsätzlich sicheres Verfahren, das zurzeit intensiv beworben wird: die De-Mail. Zwar steht die De-Mail zum Teil in der Kritik, potenziell unsicher zu sein. Fakt ist aber, dass es sich um einen grundsätzlich sicheren Übertragungsweg handelt und die De-Mail Rechtssicherheit gewährt. Spannend bleibt die Frage, ob es den Herstellern gelingt, die notwendige Akzeptanz zu erhalten. Auf jeden Fall enthält die De-Mail einige interessante Ansätze.

❖ **Praxistipps**

1. Versenden Sie unverschlüsselte E-Mails nur, wenn Sie die Inhalte auch über eine mit Bleistift beschriebene Postkarte versenden würden.

2. Nutzen Sie E-Mail-Anbieter, die sich der Initiative „E-Mail made in Germany" angeschlossen haben.

3. Machen Sie sich vor dem Austausch vertraulicher Informationen über E-Mail bei dem jeweiligen Kommunikationspartner über die vorhandenen Sicherheitsvorkehrungen vertraut.

4. Das Produkt De-Mail bietet Ihnen eine grundsätzlich technisch sichere und rechtssichere E-Mail-Kommunikation.

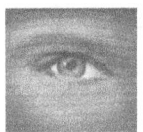 *E-Mails sind simpel. Ich meine nicht die E-Mail, die ihr kennt. Ihr schreibt ja immer nur über eure tollen Mailprogramme. Aber habt ihr auch mal was von SMTP gehört? Das bedeutet so viel wie: einfaches E-Mail-Transportprotokoll. Und es ist wirklich einfach.*

Ich melde mich dazu direkt am Server an. Quatsche ein bisschen mit ihm. Sage ihm, wer was von mir bekommen soll. Die meisten überprüfen das noch nicht einmal. Naiv oder gar: simpel.

Manchmal offenbaren mir die Server auch noch mehr. Sie sagen mir zum Beispiel, dass sie schlecht gewartet sind. Dass ich Zutritt bekomme, wenn ich will. Das ist etwas aufwändiger, etwas komplizierter. Klappt aber auch manchmal.

Möglichkeiten gibt es viele. Ich bin ein Hacker. Ein Zauberer. Ein Spion. Wie ihr wollt. Aber auch ein guter Geschäftsmann. Viele Informationen aus E-Mails sind bares Geld wert. Sehr viel Geld wert.

4.6 Soziale Netzwerke – Das Internet vergisst nie

Widmen wir uns ein paar Fakten zu sozialen Netzwerken. Das größte von ihnen ist mit Abstand Facebook. Hierzu ein paar Daten:

- Wäre Facebook ein Land, läge es mit 1,1 Milliarden Menschen knapp hinter den beiden Ländern China (1,35 Milliarden) und Indien (1,21 Milliarden).
- Auf Facebook werden jeden Tag etwa 350 Millionen Fotos veröffentlicht. Durch Instagram wird die Zahl aktuell um ca. 50 Millionen pro Tag erhöht.
- Jedes Mitglied hat im Durchschnitt etwa 300 Freunde. Davon sind ca. 7 Unbekannte.

Doch was macht Facebook so gefährlich? Okay, um die Datenschutzrichtlinien zu verstehen, müsste man schon ein Studienfach belegen, und die Privatsphäre zu retten wäre eine interessante olympische Disziplin. Aber Facebook ist vor allem auch für Internet-Kriminelle eine interessante Plattform.

Neben den bereits beschriebenen Risiken des Identitätsdiebstahls sind für einen Internet-Kriminellen dabei vor allem auch Fotos interessant. Nehmen Sie doch einfach mal ein Foto aus Ihrem Facebook-Account (oder ein alternatives Foto) und laden es bei Google im Bereich der Bilder-Suche hoch. Google hilft Ihnen dabei, sämtliche Anonymität aufzulösen, indem es gleich den passenden Namen und ähnliche Fotos liefert. Für einen Internet-Kriminellen sind diese Informationen äußerst attraktiv, denn so erhält er wertvolle Informationen aus Ihrem Umfeld, die er bewusst gegen Sie verwenden kann.

Daneben sind Urlaubsfotos oder Urlaubsgrüße natürlich auch aus einem besonderen Grund interessant: Sie verraten Ihre längerfristige Abwesenheit und ermöglichen es Kriminellen, in aller Ruhe in Ihre Wohnung oder in Ihr Haus einzubrechen.

Das Vertrauen der Nutzer in die sozialen Netzwerke ist meistens groß. Aus diesem Grund ist gerade hier ein Identitätsdiebstahl ein sehr lohnenswertes Ziel. Versetzen Sie sich dazu einmal in die Lage eines Kriminellen, der gerade das Profil eines Freundes von Ihnen gekapert hat. Der Kriminelle hat nun alle notwendigen Daten, um in Ruhe eine Geschichte aufzubauen. Dabei kennt er unter anderem Hobbys, Interessen, Fotos und vor allem auch den Schreibstil, mit dem Sie sich untereinander Nachrichten verschicken. Wenn der Besitzer des gekaperten Profils zum Beispiel sehr spontan ist und gerne verreist, kann er Ihnen einfach eine Nachricht mit einer vermeintlichen Notsituation schicken, zum Beispiel:

„Hey, was für eine Gelegenheit. Ich bin gerade nach Brasilien geflogen. Schicke Dir ein paar liebe Urlaubsgrüße. Nur die Bargeldversorgung ist hier katastrophal. Meine Kreditkarte wird

hier nirgendwo akzeptiert. Kannst Du mir einen riesigen Gefallen tun und mir 500 Euro über Western Union überweisen? Du kriegst das Geld zu Hause sofort zurück. Du weißt doch, Du kannst Dich auf mich verlassen ..."

Da der Betrüger Zugang zu allen Nachrichten hat und somit auch das Verhältnis der jeweiligen Personen untereinander kennt, kann er den Nachrichtentext sehr individuell gestalten.

Ein weiteres Ziel von Internet-Kriminellen in sozialen Netzwerken ist die Verbreitung von Schadsoftware. Über Nachrichten, die Links auf manipulierte Internetseiten erhalten oder auch über Zusatz-Anwendungen, die Sie Ihrem Nutzer-Profil hinzufügen können, gelangt häufig Schadsoftware auf den jeweiligen PC des Opfers.

Darüber hinaus sind soziale Netzwerke der natürliche Feind eines Datenschützers. Können Sie sich an den Werbespot erinnern, in dem ein kleiner Junge einen Elefanten ärgert? Viele Jahre später, als der Junge bereits erwachsen ist, rächt sich der Elefant an ihm, denn er hat die Streiche nicht vergessen.

Noch extremer verhält es sich im Internet, denn das Internet vergisst nichts. Informationen, die Sie über soziale Netzwerke verbreiten, bleiben für immer im Netz. Selbst wenn Sie nachträglich versuchen, ihr Profil zu löschen, ist es fast unmöglich, Verlinkungen und Kommentare aus anderen Profilen zu entfernen. Veröffentlichen Sie daher niemals Informationen, bei denen es Ihnen später leidtun könnte.

❖ Praxistipps

1. Verwenden Sie für jede Internetanwendung, insbesondere auch für jedes soziale Netzwerk, ein unterschiedliches und sicheres Passwort. Auch wenn es vielleicht nicht praktisch erscheint, denken Sie immer daran: Das Passwort ist das Einfallstor zu Ihren Daten!
2. Wenn Sie überraschende und zweifelhafte Anfragen von Ihren Freunden und Bekannten erhalten, erkundigen Sie sich außerhalb der sozialen Netzwerke nach der Vertrauenswürdigkeit dieser Nachricht.
3. Klicken Sie nicht wahllos auf Links in Nachrichten. Sofern Sie beispielsweise aufgefordert werden, Einstellungen an Ihrem Profil zu ändern, melden Sie sich besser manuell über Ihren Internetbrowser an. Somit verhindern Sie, dass Sie auf eine gefälschte Seite geleitet werden.
4. Seien Sie wählerisch bei Kontaktanfragen. Der oder die Unbekannte könnte böswillige Absichten haben.
5. Prüfen Sie ebenfalls kritisch, welche Rechte Sie den Betreibern sozialer Netzwerke an Ihren eingestellten Fotos, Texten und Informationen einräumen. Häufig lassen sich

die Betreiber vollumfängliche Rechte zum Weiterverkauf Ihrer Daten einräumen. Denken Sie immer daran: Kostenlos ist nicht umsonst!
6. Seien Sie zurückhaltend bei der Preisgabe persönlicher Informationen. Das Internet vergisst nie!

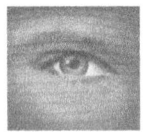

Habe einen schwierigen Auftrag erhalten. Ich soll den Vorsitzenden eines Unternehmens ausspionieren. Verrückt, der Typ ist unsichtbar. Steht wohl nicht auf Internet. Habe bisher nichts über ihn gefunden, keine Hobbys, keine Fotos. Nur die E-Mail-Adresse in der Firma. Bin am Verzweifeln ...

Versuche es jetzt über sein Umfeld. Habe schon ein paar Kontakte mit meinem Lieblingsprofil geknüpft. Das Foto von der Sex-Seite, ihr erinnert euch? Die habt ihr alle gerne als Freundin ...

Hier ist ein Foto von einer Veranstaltung. Hey, und da ist ja mein Opfer. Und wer ist diese Frau, mit der er sich so angeregt unterhält? Schnell abspeichern und bei Google analysieren. Okay ... Wahnsinn, mit der war er in der Schule ... Das könnte ich doch verwenden ...

So, Mail ist unterwegs. „Hallo Stefan! War schön, Dich auf der Veranstaltung wiederzusehen. Habe noch ein altes Foto von früher gefunden. Melde Dich mal ..."

Na, neugierig? Dann öffne mal das Foto, damit auch meine Neugier gestillt wird ...

Kapitel 5 Sicherheit in Unternehmen

Bislang haben wir uns bei der Betrachtung der Sicherheit überwiegend mit dem privaten Umfeld beschäftigt. In dem nächsten Kapitel möchte ich Ihnen einen Einblick gegeben, wie und in welchem Umfang Firmen und Unternehmen in Deutschland ausspioniert werden.

Darüber hinaus möchte ich Ihnen aufzeigen, warum Sie auch Ihre Dienstleister durchaus kritisch auswählen sollten, bevor Sie ihnen sensible Daten anvertrauen. Die besten Schutzmaßnahmen im privaten Umfeld sind schließlich wirkungslos, wenn die Daten auf andere Weise missbraucht werden.

5.1 Wie sicher ist Informationstechnologie?

Internet-Kriminalität ist nach wie vor eine vollkommen unterschätzte Gefahr. Dabei teilen Sicherheitsexperten die Unternehmen in Deutschland lediglich in zwei Kategorien ein: die einen, die bereits gehackt wurden, und die anderen, die gerade gehackt werden.

Weiterhin ist es insgesamt wenig überraschend, dass viele Fälle gar nicht erst an die Öffentlichkeit gelangen. Viele Unternehmen fürchten vor allem den Reputationsschaden, der aus einer Veröffentlichung entstehen kann. Erschwerend kommt hinzu, dass ein Angriff von außen häufig gar nicht erst bemerkt wird. Wenn plötzlich Aufträge ausbleiben oder ein anderes Konkurrenzunternehmen den Zuschlag für ein Projekt erhält, machen die Unternehmen meistens zunächst einmal den Preiskampf oder etwaige Billiganbieter verantwortlich. Dabei ist Wirtschaftsspionage ein durchaus lohnendes Geschäft und häufig der tatsächliche Grund für ausbleibende Aufträge.

Wie kann es überhaupt zu Wirtschaftsspionage und Hacker-Angriffen gegen Unternehmen kommen? Nun, der erste Grund liegt auf der Hand. In Zeiten knapper Budgets wird vor allem an der IT gespart. Viele Administratoren sind heute schon damit überfordert, den laufenden IT-Betrieb zu bewerkstelligen. Bei der Vielzahl von Sicherheitslücken und möglichen

Bedrohungen kommt die IT-Sicherheit dabei schlichtweg zu kurz.

Häufig fehlt aber nach wie vor ganz einfach das Bewusstsein für die Gefahren. Wenn ich sehe, dass zum Beispiel einige Arztpraxen ihre Patientendaten lediglich durch einen einfachen Virenscanner schützen und alle weiteren Gefahren dabei völlig außer Acht lassen, dann würde ich persönlich dort nur sehr ungern einen vollständigen Gesundheitsbericht von mir hinterlassen. Oder nehmen Sie Steuerkanzleien oder Rechtsanwälte, die zum Teil vertrauliche Informationen schnell, unbürokratisch und vor allem unverschlüsselt per E-Mail versenden. Die Realität ist teilweise erschreckend.

Es gibt noch eine weitere, sehr weit verbreitete Fehleinschätzung im Bereich der IT-Sicherheit. Viele Unternehmen verlassen sich heute auf Dienstleister, um ihre Informationen und Daten zu schützen. Bei der Auswahl des Dienstleisters ist aber häufig gar nicht die Qualität das entscheidende Merkmal, sondern der Preis. Ergänzend werden häufig lediglich Service-Level vereinbart, um die Verfügbarkeit zu gewährleisten. IT muss funktionieren, die Sicherheit interessiert höchstens zweitrangig.

Kommen wir zur entscheidenden Frage: Wie sicher ist Informationstechnologie heute? In diesem Zusammenhang hat Bruce Schneider, IT-Sicherheitsexperte in den USA, in seinem Buch „Secrets & Lies"[1] ein sehr zutreffendes Zitat wiedergegeben, das ich hier sinngemäß aufführe:

„Falls Sie glauben, dass Technologie Ihre Sicherheitsprobleme lösen kann, verstehen Sie die Probleme nicht, und Sie haben keine Ahnung von Technologie."

Dazu möchte ich Ihnen noch ein weiteres Beispiel geben. In jüngster Zeit wird über die Verbreitung einer Super-Schadsoftware spekuliert, die in der Lage ist, über Audio-Signale zu kommunizieren. Bei Rechnern ohne Internetzugriff soll die Software es schaffen, andere infizierte Systeme über hochfrequente Signale zu kontaktieren. Auch wenn es für diese Super-Schadsoftware aktuell noch keine Beweise gibt: Denkbar sind auch solche Szenarien.

Fast jedes große Unternehmen wurde in jüngster Zeit Opfer eines Hacker-Angriffs. Egal, ob es sich dabei um Geheimdienste handelt, Regierungen, große Elektronikkonzerne, Software-Giganten, Rüstungskonzerne, Zeitungen oder Unternehmen in der Telekommunikationsbranche: alle Bereiche sind betroffen.

Halten Sie sich dabei vor der Preisgabe vertraulicher Informationen immer vor Augen: Ihre Informationen und Daten sind nirgendwo sicher. Das oberste Gebot ist es also, sparsam mit seinen Daten umzugehen.

❖ **Praxistipps**

Allen Privatpersonen kann ich nur einen guten Tipp geben: Informieren Sie sich bei Ihren Dienstleistern und Unternehmen, die vertrauliche Informationen und Daten über Sie verarbeiten, über die entsprechend vorhandenen Sicherheitsvorkehrungen. Durch eine stärkere Nachfrage erhöhen Sie vor allem auch das Bewusstsein von allen Beteiligten.

Übrigens: Das Bundesdatenschutzgesetz gibt Ihnen sogar das Recht dazu, sich an den zuständigen Datenschutzbeauftragten zu wenden.

Sofern Sie ein Unternehmen besitzen, gibt es nur einen guten Ratschlag: Lassen Sie die Sicherheit Ihrer IT von einem Spezialisten untersuchen. Sie werden überrascht sein, was ein Experte für Schwachstellen ermitteln wird, die zum Teil mit einfachen, aber wirksamen Maßnahmen geschlossen werden können.

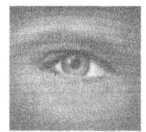*Ihr wollt ein sicheres IT-System? Habe einen guten Tipp für euch. Als Erstes solltet ihr das System vom Stromnetz nehmen und alle Kabelverbindungen trennen. Dann solltet ihr es gut wegsperren, ein Safe aus Titan wäre nicht schlecht. Lagern solltet ihr es in einem Bunker, tief unter der Erde. Ach ja, Nervengas in der Umgebung ist ein guter Schutz. Sämtliche Zugänge solltet ihr von hochbezahlten Wachen mit Waffen besetzen.*

Aber, keine Sorge. Ich finde einen Weg.

Wollt ihr mein Motto kennenlernen?

```
ph342 m9 1337 h4xX0r 5k!11Zz!!
```

Das ist Hackersprache und bedeutet:

Fear my leet hacker skills!!
(Fürchte meine elitären Hacker-Fähigkeiten!!)

5.2 Einfallstore für Angreifer

Kommen wir zu einem anderen Thema. In diesem Kapitel möchte ich Ihnen einen Einblick geben, über welche Einfallstore sich Angreifer Zugang zur IT in Unternehmen verschaffen können.

Die erste und vor allem auch einfachste Möglichkeit betrifft vor allem kleinere Unternehmen. Stellen Sie sich dazu folgende Situation vor: Sie betreten eine Kanzlei, eine Praxis oder ein Unternehmen einer vergleichbaren Größenordnung. Die Büroräume sind in einem öffentlich zugänglichen Bürokomplex untergebracht, in dem auch weitere kleinere Unternehmen ihren Sitz haben. Die Büros machen einen sauberen und gepflegten Eindruck. Sie bemerken allerdings, dass die Kapazitäten der Büros gut genutzt sind, jeder Raum scheint von Personal bewohnt zu werden. Wo würden Sie die Unterbringung der IT vermuten?

Häufig reicht in größeren Bürokomplexen ein Blick in den Keller. Da viele Bereiche öffentlich zugänglich sind, gibt es oftmals weder Wachpersonal noch Alarmanlagen oder eine Videoüberwachung. Im Keller findet man dann oft ein ähnliches Bild: Einfache Kellertüren, die innerhalb weniger Sekunden aufgeschlossen oder aufgebrochen werden können, sollen vor Einbruch und Diebstahl des Herzstückes der IT schützen: der zentralen Serversysteme. Dazu finden sich in den Kellerräumen häufig auch Archivunterlagen mit vertraulichen, teilweise brisanten Inhalten.

In diesem Zusammenhang müssen wir uns vor Augen halten, wie leicht heutzutage Einbrüche sind. Im Internet gibt es ganze Baukästen mit kompletten Anleitungen, wie Türschlösser in Sekundenschnelle zu öffnen sind. Wenn sich der Einbrecher dazu noch den jeweils verwendeten Schließmechanismus angeschaut hat, kann er sich im Baumarkt einfach ein entsprechendes Schloss kaufen und so lange üben, bis es ihm innerhalb kürzester Zeit gelingt, unbemerkt Zutritt zu erhalten.

Widmen wir uns den Arbeitsplätzen. Passwortschutz hin oder her: Jeder Zugang zu einem Arbeitsplatz-PC ist für einen Hacker wie eine Einladung. Dabei ist es einem Angreifer mit einfachen Mitteln möglich, sich Zugang zum jeweiligen System zu verschaffen. Sofern zum Beispiel der Arbeitsplatz-PC mit einem DVD-Laufwerk ausgestattet ist, kann der Angreifer das System mit einer speziellen Boot-CD starten (z. B. Kon-Boot). Die Boot-CD startet das auf der Festplatte befindliche Betriebssystem und überschreibt den Kern (Kernel) des Betriebssystems so, dass eine Anmeldung ohne bzw. mit einem beliebigen Passwort möglich ist.

Dabei ist eine direkte Anmeldung an einem Arbeitsplatz in der Regel gar nicht notwendig. Ein Zugang zu einem Netzwerkkabel reicht völlig aus. Dazu gibt es auf dem Markt frei erhältliche kleine Mini-Computer, die einfach zwischen einem System (z. B. Arbeitsplatz oder Drucker) und dem entsprechenden Netzwerkanschluss zwischengeschaltet werden müssen. Der Angreifer kann sich anschließend ganz einfach, zum Beispiel über ein Handy-Netz, mit dem Gerät verbinden. Praktischerweise enthält der Mini-Computer bereits alles, was der Angreifer benötigt. Eine kleine Tool-Sammlung rundet das Angebot für ein paar wenige hundert Euro ab.

Natürlich gibt es noch viele weitere Möglichkeiten, ein System anzugreifen. Wie in fast allen Fällen kann ein Angreifer dazu sämtlichen Komfort ausnutzen, den das anzugreifende System bietet. Nehmen Sie dazu einmal die komfortable Autostart-Funktion beim Anschluss von einem USB-Gerät. Mit Hilfe eines speziellen Gerätes, das eine USB-Tastatur emuliert, kann jeder Schutz des Systems einfach umgangen werden. Schauen Sie mal auf der Internetseite www.prjc.com nach dem Teensy USB Board. Mit ein bisschen Bastelarbeit lässt sich dieses Board sehr wirkungsvoll einsetzen.

In allen hier dargestellten Fällen habe ich mich darauf konzentriert, mit welch einfachen Mitteln ein Angreifer in der Lage ist, sich Zugang zur IT zu verschaffen, wenn der Zutritt zu den Systemen nicht ausreichend geschützt ist. Neben vielen weiteren Aspekten, zum Beispiel im Bereich von Sicherheitslücken und Schadsoftware oder einem WLAN, ist der Zutritt zur IT häufig das größte Sicherheitsrisiko in einem Unternehmen.

Machen Sie es Angreifern nicht so einfach. Bereits für wenig Geld ist eine zusätzliche Absicherung möglich. Informieren Sie sich dazu bei einem Spezialisten.

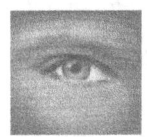

Das Licht geht aus. Darauf habe ich gewartet. Jetzt verlässt sie das Büro. Mein Zeitpunkt ist gekommen.

Die letzten Tage habe ich genutzt, um alles über eure Abläufe in Erfahrung zu bringen. Wann betritt der Erste das Büro? Wann geht der Letzte? Gibt es eine Alarmanlage? Wo befinden sich die Unterlagen? Welche Sicherheitsvorkehrungen gibt es? Klar war das viel Aufwand. Aber der Job wird gut bezahlt.

Sitze gerade im Keller, in einer kleinen Nische versteckt. Jetzt noch ein paar Minuten warten ... Zur Sicherheit ...

Gehe langsam die Treppen hoch. Zur Eingangstür. Könnte ich einfach aufbrechen, keine Alarmanlagen oder so. Ich will aber unbemerkt bleiben. Das Schloss, ein einfacher Schließmechanismus. Habe vor ein paar Tagen ein Foto davon gemacht und bin damit zu einem Baumarkt gefahren. Ein Kinderspiel, den gleichen Schließzylinder zu kaufen. Ein bisschen Übung ... sollte innerhalb weniger Sekunden klappen.

So, ich bin drin.

Nachdem die Putzfrau gegen neun gegangen ist, habe ich jetzt über zehn Stunden Zeit. Bis der Erste kommt. Die brauche ich aber gar nicht. Die Akten befinden sich im Büro des Chefs.

Soll Unterlagen über eine Firma sammeln. Geschäftsberichte, Bilanzen und so´n Kram. Mein Auftraggeber will die wohl übernehmen. Egal. Keine Fragen stellen. In der Firma selbst wurde es mir zu heikel. Gut abgesichert, wirklich gut. Zum Glück geht es auch einfacher. Die Steuerkanzlei hat schließlich alles, was ich brauche.

Habe jetzt die Akte. Schnell eine Kopie über den Kopierer jagen und zurück in den Schrank. Brauche aber noch etwas Handfestes. Einen Beweis, dass es nicht so rosig aussieht, wie der Inhaber meint. Starte den PC des Chefs. Alle Schnittstellen sind offen – ein Kinderspiel. Melde mich an. Den Passwortschutz habe ich mal eben ausgehebelt. Öffne jetzt das Mailprogramm. Den Zugang hätte er besser absichern sollen. Okay, mal schauen. Hier gibt es aussichtsreiche Mails. Bingo! Habe den Beweis. Schnell ausdrucken und fertig.

Installiere noch schnell ein kleines Tool. Nur für den Fall, dass ich noch etwas brauche. Will nicht nochmal zurückmüssen. Fertig. Das war´s.

5.3 Menschliches Versagen: Social Engineering

Haben Sie schon einmal von dem bekannten Hacker Kevin Mitnick gehört? Mitnick ist einer der bekanntesten Social Engineers der heutigen Zeit. Nach seiner Einschätzung ist Social Engineering die bei weitem effektivste Methode, um Zugang zur IT zu erhalten.

Was zeichnet Social Engineering aus? Social Engineering bezeichnet eine zwischenmenschliche Beeinflussung mit dem Ziel, das Opfer so zu manipulieren, dass es die gewünschte Information preisgibt oder das gewünschte Verhalten durchführt. Mit diesem Verfahren soll Mitnick mehrere Male in das Netzwerk des Verteidigungsministeriums der USA sowie in das Netzwerk der NSA eingedrungen sein.

Und dieses Verfahren ist durchaus sehr effektiv. Stellen Sie sich dazu einmal folgende Situation vor: Ein PKW mit Werbung eines lokalen, italienischen Schnellrestaurants hält vor der Eingangstür Ihres Unternehmens. Ein Mann springt ab und greift sich fünf Pizza-Schachteln von der Rücksitzbank. Aus den Pizzakartons dampft ein lecker riechender Duft. Der Mann geht zielstrebig auf die Eingangstür zu. Als Sie ihn skeptisch anschauen, entgegnet er Ihnen nur: „Mahlzeit. Hab ′ne Lieferung." Würden Sie die Lieferung hinterfragen oder ihm lieber die Tür öffnen, damit die leckere Pizza nicht kalt wird? Nun, vielleicht hängt Ihre Entscheidung davon ab, ob Sie Pizza mögen und ob Sie schon einmal eine kalte Pizza gegessen haben. Dabei reichen dem vermeintlichen Pizza-Lieferanten bereits ein verlassenes Büro oder ein frei zugänglicher Netzwerkanschluss aus, um erfolgreich seinen Angriff durchzuführen.

Der Erfolg eines Social Engineers hängt einzig und allein von seiner Überzeugungskunst ab. Häufig reicht ein souveränes und selbstbewusstes Auftreten aus, um Menschen bewusst zu manipulieren.

Unter der Rubrik „Extra 3 Classic – Datenklau"[4] zeigen der NDR und Tobias Schlegl ein sehr anschauliches Beispiel für Social Engineering. Dazu fährt ein sogenanntes „Datenschutzteam" in eine Stadt, um dort sensible Daten der Betroffenen zu sichern. Schauen Sie sich das Video dazu mal an, es zeigt sehr gut auf, wie leicht sich Menschen durch einfache Überzeugungskraft manipulieren lassen.

Natürlich gibt es noch viele weitere Beispiele für effektives Social Engineering. Der Fantasie sind auch hierbei keine Grenzen gesetzt. Stellen Sie sich einmal vor, Sie erhalten eine E-Mail Ihres IT-Leiters, der Sie wegen einer Sicherheitsüberprüfung um Eingabe Ihres aktuellen Passwortes bittet. Dazu schickt er Ihnen einen Link auf eine entsprechende Seite und eine ausführliche Begründung der Maßnahme. Würden Sie Ihr

Passwort eingeben? Erfahrungen zeigen, dass die jeweiligen Passwörter schneller eingegeben werden, als Zeit benötigt wird, um die Nachricht komplett zu lesen.

❖ Praxistipps

1. Seien Sie misstrauisch, wenn Ihnen die Identität eines Absenders einer E-Mail, eines Besuchers oder beispielsweise eines Technikers nicht bekannt ist.
2. Geben Sie auch bei Telefonanrufen keine scheinbar belanglosen Daten und Informationen an Unbekannte weiter.
3. Antworten Sie niemals mit der Weitergabe von sensiblen Daten auf eine E-Mail-Anfrage, egal, von wem die Anfrage zu kommen scheint.
4. Verwenden Sie keine direkten Links aus E-Mails, die persönliche Daten als Eingabe verlangen. Geben Sie die Adresse lieber manuell in Ihren Internetbrowser ein.
5. Wenn Sie eine Anfrage per E-Mail erhalten, vergewissern Sie sich beim Absender über die Zulässigkeit seiner Anfrage.

 „Guten Tag. Hier ist die <piep>, mein Name ist Katharina Müller. Was darf ich für Sie tun?"

„Thomas Schulte von der Unternehmensberatungs GmbH, einen schönen guten Tag, Frau Müller. Ich hoffe, Sie können mir weiterhelfen. Mein Kollege hat mich gebeten, Ihrem IT-Leiter ein Angebot von uns zukommen zu lassen. Er wartet schon darauf, ich habe aber leider seine Kontaktdaten nicht richtig verstanden. Können Sie mir bei den Daten behilflich sein?"

„Gerne. Unser IT-Leiter ist Herr Ulrich Meier. Ich würde Sie gerne direkt durchstellen, aber wie ich sehe, befindet sich Herr Meier gerade im Urlaub."

„Kein Problem. Ich danke Ihnen, Frau Müller. Einen schönen Tag noch."

Hehe. Klappt ja einfacher, als gedacht. So, Laptop-Tasche einpacken, Krawatte sitzt. Du bist wichtig. Ein erfolgreicher Geschäftsmann. Und jetzt zielstrebig an die Information.

„Guten Tag. Mein Name ist Thomas Schulte von der Unternehmensberatungs GmbH. Ich habe einen Termin bei Herrn Meier, Leiter der IT-Abteilung."

„Guten Tag, Herr Schulte. Kleinen Moment, ich rufe ihn mal eben an."

„Herr Schulte?! Tut mir sehr leid, aber Herr Meier hat Urlaub. Wann genau haben Sie den Termin?"

„Das kann doch gar nicht sein. Sehen Sie meinen Terminkalender? Dort steht es doch: <piep>, Herr Meier, am Donnerstag, 15 Uhr!"

„Bitte entschuldigen Sie. Da muss wohl ein Missverständnis vorliegen. Kann Ihnen vielleicht ein Kollege weiterhelfen?"

„Das geht leider nicht. Ich muss dieses Angebot unbedingt mit Herrn Meier persönlich besprechen, da hat er mich ausdrücklich drum gebeten. Ich bin den langen Weg extra aus München gekommen. Wie soll ich das bloß meinem Chef erklären? Darf ich bei Ihnen vielleicht mal kurz ungestört telefonieren? Vielleicht kann ich ja wenigstens noch einen Termin in der Nähe wahrnehmen ..."

„Gerne, kein Problem. Kommen Sie bitte mit. Wir haben einen Besprechungsraum, da können Sie gerne ungestört telefonieren."

Der Trick funktioniert eigentlich immer. Die Sache mit dem gemeinsamen Schuldgefühl und so. Ich bin jetzt im Besprechungsraum. Hier stehen ein PC und ein Telefon. Sogar Voice-over-IP, direkt im Firmen-Netz. Schließe mal kurz meine kleine Box zwischen PC und Netzwerkkabel. Ein kurzer Test.

Das war's. Schnell raus hier, bevor jemand was merkt. Und dann in aller Ruhe auf dem Parkplatz schauen, was ich über euch in Erfahrung bringen kann.

Kapitel 6 Ein Ausblick

Würde man die Lage der Informationssicherheit ausschließlich anhand von aktuellen Bedrohungen und Medienberichten beurteilen, so zeichnete sich ein sehr düsteres Bild ab. Sowohl das Jahr 2013 als auch das Jahr 2014 werden als Jahre in die Geschichtsbücher eingehen, die massiv von Spionage, Internet-Kriminalität und Bedrohungen aus dem Internet geprägt waren. Aus meiner Sicht handelt es sich dabei um Phänomene, die große Schatten auf unsere zunehmend durch Vernetzung geprägte Gesellschaft werfen.

Während unsere Wirtschaft und Infrastruktur inzwischen vollkommen abhängig von einer Vernetzung und dem Internet sind, werden die dahinter steckenden Verfahren immer undurchsichtiger. Nehmen Sie als Beispiel nur mal eines Ihrer persönlichen IT-Systeme. Können Sie heute überhaupt noch beurteilen, von welchem Hersteller das Gerät stammt?

Natürlich befindet sich auf jedem Gerät das entsprechende Logo des Herstellers. Der gesamte Fertigungsprozess wird aber durch Arbeitsteilung realisiert. Und die Arbeitsteilung findet weit verstrickt, quer über den Globus verteilt und in vielen einzelnen Arbeitsschritten statt. Fällt ein elementarer Arbeitsschritt aus, ist der gesamte Fertigungsprozess gestört.

Manipuliert einer der am Fertigungsprozess beteiligten Hersteller unbemerkt einen Teil der Hardware, so ist dieses kaum nachzuvollziehen. Das ist der Preis der Globalisierung.

Viele Krisen, wie zum Beispiel die Finanzkrise, haben ihren Ursprung in einer immer größer werdenden Komplexität, die von den Menschen einfach nicht mehr nachvollziehbar ist. Bei der Informationstechnologie verhält es sich im Zeitalter von Vernetzung und der sogenannten „Big Data" sehr ähnlich.

Es gibt die ersten Stimmen, die die Möglichkeiten im Rahmen eines Cyberkrieges mit dem Wettrüsten der USA und Russland in den 60er- und 70er-Jahren vergleichen. Nun, in der Volkswirtschaft finden strukturelle Schwankungen, verursacht durch tiefgreifende Entwicklungen und Änderungen, in etwa alle fünfzig bis sechzig Jahre statt. Der Vergleich ist dabei naheliegend, dass zurzeit ein Wettrüsten im Bereich des Internets stattfindet.

Hoffen wir, dass alle Verantwortlichen und Beteiligten verantwortungsvoll mit diesen Möglichkeiten umgehen. Denn eines ist schon jetzt klar: In einem Cyberkrieg können Millionen und Milliarden von Menschen leiden, ohne dass auch nur eine einzige Bombe geworfen wird.

Aber es gibt auch Lichtblicke – und die möchte ich Ihnen, trotz aller düsteren Szenarien, die ich in diesem Buch entworfen habe, nicht vorenthalten.

Sicherheit im Allgemeinen und speziell die Internetsicherheit sind Themenbereiche, die seit den Enthüllungen von Edward Snowden stärker denn je in den Fokus der Aufmerksamkeit gerückt sind. Dabei stehen auch heute schon innovative IT-Technologien und IT-Lösungen zur Verfügung, die uns dabei helfen können, unsere Daten und Informationen zu schützen.

Darüber hinaus habe ich auch in der Politik den Eindruck, dass zurzeit ein Umdenken stattfindet. In den letzten Jahren haben wir uns vor allem von den USA und China im Bereich der Informationstechnologie weit abhängen lassen. Warum sonst sollten deutsche Politiker so sehr vor den ausländischen Spionageaktivitäten kapitulieren? Mehr denn je werden nun aber Sicherheitslösungen aus Deutschland oder aus Europa gefordert und nachgefragt. Das ist ein wichtiger Hoffnungsschimmer am Horizont.

Aber auch in unserer Mentalität muss sich ein Wandel vollziehen. Ich habe in diesem Buch bewusst sehr häufig das Motto „Kostenlos ist nicht umsonst" verwendet. Wir erwarten von unserer Software heute, dass sie schnell, einfach und vor allem kostenlos ist. Dabei lassen wir die Sicherheit außer Acht. Vielleicht muss erst etwas wirklich Gravierendes passieren, bevor sich dieses Sicherheitsbewusstsein ändert.

Ob es soweit kommen muss? Das haben wir selbst in der Hand. Sie haben einen ersten wichtigen Schritt in die richtige Richtung unternommen, indem Sie dieses Buch gelesen haben. Dafür möchte ich mich ganz herzlich bei Ihnen bedanken!

Literatur

[1] Schneier, Bruce: Secrets & Lies. John Wiley & Sons, 2000, ISBN 0-471-45380-3

[2] Panda Security: Annual Report 2013, online, http://press.pandasecurity.com/news/20-of-all-malware-ever-created-appeared-in-2013/

[3] Ziercke, Jörg: Kriminalistik 2.0 – effektive Strafverfolgung im Zeitalter des Internet aus Sicht des BKA, online,http://www.bka.de/nn_244894/SharedDocs/Downloads/DE/Publikationen/Herbsttagungen/2013/herbsttagung2013ZierckeVortrag,templateId=raw,property=publicationFile.pdf/herbsttagung2013ZierckeVortrag.pdf

[4] NDR, extra 3, Schlegl in Aktion: Datenklau, Sendung vom 21.08.2008 22:30 Uhr

Mayer, Jonathan; Mutchler, Patrick: Metaphone, The Sensitivity of Metaphone Data, online, http://webpolicy.org/2014/03/12/metaphone-the-sensitivity-of-telephone-metadata/

Schartner, Götz: Tatort WWW. Plassen Verlag, 2013, ISBN 978-3-86470-120-7

Danksagung

Es war eine großartige Erfahrung für mich, dieses Buch zu schreiben. Denn mit diesem Buch habe ich viele eigene Gedanken und persönliche Erfahrungen zu Papier gebracht und Ihnen, liebe Leserinnen und Leser, hoffentlich ein paar spannende Erkenntnisse mit auf den Weg gegeben.

Bedanken möchte ich mich zuerst bei meiner lieben Frau Nadine. Vielen Dank für deine Liebe und Unterstützung, und vor allem für dein Verständnis, wenn ich manchmal stundenlang in meiner Arbeit versinke.

Vielen Dank, meine liebe Tochter Lana, dass du mir zeigst, worauf es im Leben wirklich ankommt. Papa kann aber leider nicht immer nur „Quatsch" mit dir machen. Du bist die großartigste Tochter der Welt. Worte können nicht ausdrücken, wie viel ihr zwei mir bedeutet!

Ein ganz besonderer Dank gilt auch meinem Freund, Carsten Hater, der mich überhaupt auf die Idee gebracht hat, dieses Buch zu schreiben und mir mit vielen guten Ratschlägen zur Seite stand. Vielen Dank auch Nina Hater, die mir das Gefühl gegeben hat, es kaum mehr abwarten zu können, mehr aus diesem Buch zu lesen. Ihr wart eine großartige Motivation für mich.

Meinem lieben Vater Wolfgang möchte ich besonders für seine Geduld und sein Engagement danken, mir als Korrektor zur Verfügung zu stehen. Vielen Dank, dass du immer für mich da bist!

Ganz besonders herzlich bedanken möchte ich mich auch bei meiner lieben Lektorin, Nele Mengler, für die tolle Zusammenarbeit und die großartige Unterstützung.

Ich danke meinen Freunden, allen voran meinem besten Freund André Prediger, die mich immer wieder davon abhalten, zu sehr in der Welt der IT zu versinken.

Vielen Dank meiner lieben Familie, meiner Schwester Ina, meinem Schwager Marcus, Jonas und Ida und vor allem meinen Schwiegereltern Moni und Dietmar für eure großartige Unterstützung.

Einen besonderen Dank auch an meine Arbeitskolleginnen und Arbeitskollegen in der Sparkasse Gelsenkirchen und den Vertriebspartnern in und um die S-Finanzgruppe für die jahrelange Unterstützung, viele spannende Gespräche und interessanten Herausforderungen.

Danke auch an das Team des BoD, das es mir ermöglicht, dieses Buch zu veröffentlichen.

Ich empfinde tiefe Dankbarkeit und Demut, aber auch eine unbändige Motivation, mich weiteren Herausforderungen zu stellen!

www.ingramcontent.com/pod-product-compliance
Lightning Source LLC
Chambersburg PA
CBHW071210240526
45470CB00018B/1696